AF355904

TRAITÉ

DE PHYSIQUE

MATHÉMATIQUE.

Ce *Supplément* consiste en un Mémoire lu à l'Académie des Sciences, auquel on a ajouté quelques Notes qui en sont le développement, et qui ont pour objet plusieurs points importants de la théorie de la chaleur, relatifs principalement aux températures du globe et de l'espace à différentes époques.

IMPRIMERIE DE BACHELIER,
rue du Jardinet, n° 12.

THÉORIE

MATHÉMATIQUE

DE LA CHALEUR;

MÉMOIRE ET NOTES FORMANT UN *SUPPLÉMENT* A L'OUVRAGE
PUBLIÉ SOUS CE TITRE;

PAR S.-D. POISSON,

Membre de l'Institut et du Bureau des Longitudes de France; des Sociétés royales de Londres et
d'Édimbourg; des Académies de Berlin, de Stockholm, de Saint-Pétersbourg, de Boston,
de Turin, de Naples, etc.; des Sociétés, italienne, astronomique de Londres, etc.

PARIS,

BACHELIER, IMPRIMEUR-LIBRAIRE

POUR LES MATHÉMATIQUES, LA PHYSIQUE, ETC.,

QUAI DES AUGUSTINS, Nº 55.

1837

MÉMOIRE

SUR

*Les températures de la partie solide du globe, de l'atmosphère,
et du lieu de l'espace où la Terre se trouve actuellement.*

PAR M. POISSON.

Lu à l'Académie des Sciences, le 30 janvier 1837.

Je me propose de donner, dans ce mémoire, un résumé des principaux résultats qui se trouvent dans mon ouvrage intitulé : *Théorie mathématique de la Chaleur,* d'y ajouter quelques nouvelles remarques, et de rappeler les principes sur lesquels ces résultats sont fondés.

Près de la surface du globe, la température en chacun de ses points varie aux différentes heures du jour et aux différents jours de l'année. En considérant ces variations, Fourier a supposé donnée la température de la surface même, et s'est borné à en déduire la température à une profondeur aussi donnée; ce qui laissait inconnus les rapports qui doivent exister entre les températures extérieure et intérieure. Pour déterminer ces rapports, Laplace a pris pour la température extérieure, celle que marque un thermomètre exposé à l'air libre et à l'ombre, et qui dépend, d'une manière inconnue, de la chaleur de l'air en contact avec l'instrument, de la chaleur rayonnante du sol, de celle de l'atmosphère, et même de celle des étoiles. J'ai envisagé le problème sous un autre point de vue, plus conforme à la question physique; et je me suis proposé de déterminer la température de la Terre, à une profondeur et sur une verticale données, d'après la quantité de chaleur solaire qui traverse la surface à chaque instant. En un lieu donné sur cette surface, cette quantité de chaleur varie pendant le jour et l'année, avec l'élévation du Soleil sur l'horizon et avec la déclinaison; je l'ai considérée comme une fonction discontinue du temps, nulle pour tous les instants où le Soleil est sous l'horizon, et exprimée, à toutes les autres époques, au moyen de l'angle horaire et de la longitude du Soleil; par les formules connues, j'ai transformé cette fonction discontinue en une série de sinus et de cosinus des multiples de ces deux angles; et au moyen des formules de mes précédents mémoires, j'ai ensuite déterminé, pour chaque terme de cette série, la température à une profondeur quelconque; ce qui est la solution complète du problème.

Il en résulte, pour cette température, des séries d'inégalités diurnes dont les périodes sont d'un jour entier ou d'un sous-multiple du jour, et d'inégalités annuelles dont les temps périodiques comprennent une année ou un sous-multiple de l'année. Sur chaque verticale, le *maximum* de chacune de ces inégalités se propage uniformément dans le sens de la profondeur, avec une vitesse qui ne dépend que de la nature du terrain; de sorte que l'intervalle compris entre les époques de ce *maximum*, pour deux points séparés par une distance donnée, est le même et proportionnel à cette distance, en tous les lieux du globe où le terrain est de la même nature. A la surface, l'intervalle qui sépare le *maximum* de l'une de ces inégalités, de celui de l'inégalité correspondante de la chaleur solaire, ne varie pas non plus avec les positions géographiques; mais il dépend à la fois de la nature du terrain et de l'état de la superficie. Il en est de même à l'égard du rapport entre ces deux *maxima*, dont le premier est toujours moindre que le second; mais le long de chaque verticale, le *maximum* de chaque inégalité de température décroît en progression géométrique, quand les profondeurs croissent par des différences égales, et le rapport de cette progression ne dépend que de la nature du terrain. Si l'on considère, sur une même verticale, des inégalités de température dont les périodes sont différentes, leurs expressions montrent que celles qui ont les plus courtes périodes se propagent avec le plus de rapidité, et décroissent aussi le plus rapidement. En général, les inégalités diurnes sont insensibles à un mètre de profondeur; les inégalités annuelles disparaissent à la distance d'une vingtaine de mètres

de la surface ; et vers le tiers de cette distance, celles-ci se réduisent à
l'inégalité dont la période comprend l'année entière. A une profondeur de
six ou huit mètres, la température n'offre donc, pendant l'année, qu'un
seul *maximum* et un seul *minimum*, qui arrivent à six mois l'un de l'autre
et après les époques de la plus grande et de la moindre chaleur solaire (1).
Au-delà d'une profondeur d'environ 20 mètres, la température ne varie
plus avec le temps, ou du moins elle ne peut plus éprouver que des variations séculaires qui n'ont pas encore été observées.

Sur chaque verticale, les inégalités de température, diurnes et annuelles, sont accompagnées d'un flux de chaleur ascendant ou descen-
dant, dont la grandeur et le sens varient avec le temps et la profondeur.
Les amplitudes de ces inégalités et ce flux de chaleur ne sont pas les
mêmes à toutes les latitudes : à l'équateur, par exemple, la partie principale des inégalités annuelles disparaît ; et, conséquemment, la température
y doit être à peu près constante, à une profondeur beaucoup moindre
qu'en tout autre lieu. Dans la couche extérieure du globe, le flux de chaleur est nul ou insensible parallèlement à la surface.

J'ai désigné, dans les formules de mon ouvrage, par a et b les deux
quantités qui doivent être déduites de l'observation, pour chaque lieu
de la Terre en particulier, et d'où dépendent les époques des *maxima*
de toutes les inégalités de température à diverses profondeurs, ainsi que
les rapports entre ces *maxima*. En désignant aussi par c la chaleur spécifique de la matière du terrain, rapportée à l'unité de volume, par k la
mesure de la conductibilité calorifique de la même matière, par p une
quantité relative à l'état de la surface et croissante avec son pouvoir
rayonnant, on a

$$a = \frac{k}{c}, \qquad b = \frac{p}{k}.$$

D'après des expériences faites dans le jardin de l'Observatoire de Paris,
et dont les résultats m'ont été communiqués par M. Arago, j'ai trouvé

$$a = 5,11655, \qquad b = 1,05719 ;$$

nombres qui supposent que l'on prenne le mètre pour unité de longueur
et l'année pour unité de temps. La quantité b ne serait plus la même à
une autre époque, si l'état de la superficie venait à changer par une cause
quelconque, et que la surface devînt plus ou moins rayonnante. Si l'une

---

(1) Note A, à la fin du mémoire.

I..

des trois quantités c, k, p, était connue, ces valeurs de a et b détermine-
raient les deux autres; mais aucune observation relative à la loi des températures au-dessous de la surface du globe, ne peut faire connaître à la
fois ces trois éléments c, k, p. En partant des suppositions les plus vraisemblables sur la composition du sol à l'Observatoire, M. Élie de Beaumont pense que la chaleur spécifique du terrain, rapportée au volume, et
celle de l'eau étant prise pour unité, a pour valeur

$$c = 0{,}5614,$$

c'est-à-dire que la quantité de chaleur nécessaire pour élever d'un degré
la température d'un mètre cube de ce terrain, élèverait d'à peu près
$\frac{56}{100}$ de degré, celle d'un pareil volume d'eau, et fondrait, par conséquent, $\frac{56}{7500}$ d'un mètre cube, ou environ 7 kilogrammes et demi, de
glace à zéro.

Quand les valeurs de a et b, relatives à un lieu déterminé, ont été
déduites de l'observation, et que la chaleur spécifique c est aussi connue, la
quantité de chaleur solaire, qui parvient en ce lieu à travers l'atmosphère,
et qui pénètre dans l'intérieur de la terre, peut se conclure de la manière
suivante, de la variation totale de température pendant l'année, c'est-à-
dire de l'excès du *maximum* annuel sur le *minimum*, à une profondeur
où les inégalités diurnes ont disparu. Soit h une certaine température
exprimée par une formule de la page 497 de mon ouvrage, qui contient
diverses quantités données, et particulièrement cet excès de température
observé à une profondeur connue. Désignons par θ l'angle compris entre
la droite qui va du Soleil au lieu de l'observation, et la verticale en ce
point de la Terre. En un temps t, assez court pour que θ ne varie pas
sensiblement, soit γ la quantité de chaleur solaire, qui tombe en ce même
point sur l'unité de surface, égale au mètre carré. Soit aussi $\varepsilon\gamma$ la portion de cette quantité de chaleur qui n'est pas réfléchie, et pénètre dans
l'intérieur de la Terre, de sorte que la fraction ε représente le pouvoir
absorbant de la surface, relatif à la chaleur solaire. La quantité p étant
la même que plus haut, on aura

$$\varepsilon\gamma = \pi p h t \,.\, \cos\theta,$$

en vertu d'une formule de la page 480, dans laquelle h représente le
produit de la quantité désignée par la même lettre à la page 497, et du
rapport π de la circonférence au diamètre. A cause de

$$p = a^2 b c,$$

il en résultera donc

$$\varepsilon\gamma = \pi a^{2}bcht \,.\, \cos\theta,$$

pour la quantité de chaleur demandée.

Si l'on désigne par ω un élément infiniment petit de la surface de la Terre, le produit $\gamma\omega$ exprimera la quantité de chaleur solaire, qui tombe sur ω pendant le temps t. Elle sera proportionnelle à la projection $\omega\cos\theta$ de cet élément, sur un plan perpendiculaire à la droite menée de ce point du globe au Soleil; par conséquent, si l'on reçoit la chaleur du Soleil sur divers plans inclinés, les quantités de chaleur incidente seront entre elles comme les projections de ces surfaces planes, sur le plan perpendiculaire à la direction des rayons solaires; donc aussi la chaleur incidente pendant le temps t, sur une sphère, comme la boule d'un thermomètre, entièrement plongée dans ces rayons, se déduira de la valeur de $\gamma\omega$, en y remplaçant la projection $\omega\cos\theta$ d'un élément quelconque, par celle de la surface entière d'un hémisphère, ou par la surface d'un grand cercle. En représentant cette surface par s, et par I la quantité de chaleur incidente, nous aurons donc

$$\mathrm{I} = \frac{\pi}{4}\, a^{2}bchts.$$

L'usage de cette formule exigera que l'on connaisse la valeur de ε, relative au même lieu pour lequel les autres quantités a, b, c, h, auront été déterminées; mais si la surface de la sphère a le même pouvoir absorbant que celle de la terre, on connaîtra la quantité $\mathrm{I}\varepsilon$ de la chaleur absorbée, indépendamment de cette valeur de ε.

L'intensité moyenne de la chaleur solaire, en un lieu déterminé et pendant l'année entière, a pour mesure cette valeur de I, rapportée aux unités de temps et de surface. Cette intensité relative à chaque instant, variera avec l'état et l'épaisseur de la couche atmosphérique que les rayons du Soleil devront traverser pour arriver au lieu de l'observation: elle sera plus élevée, quand l'air se trouvera moins chargé de vapeur, et aux époques du jour et de l'année où la couche atmosphérique aura moins d'épaisseur; elle ne sera pas non plus la même en deux lieux différents, soit à cause de l'inégalité de cette épaisseur, soit à raison de la sérénité plus ou moins parfaite de l'air; et comme c'est à la quantité variable de la chaleur incidente, qu'est due la différence entre les températures marquées par deux thermomètres exposés aux rayons du Soleil, en même temps et dans le même lieu, dont l'un absorbe toute la

chaleur solaire, et l'autre la réfléchit en entier, il s'ensuit que cette différence ne sera pas égale dans toutes les parties du globe, et qu'elle devra
être plus grande dans les régions et aux instants où le ciel est le plus
pur, et où la couche atmosphérique est traversée le moins obliquement
par les rayons solaires.

En employant les moyennes des expériences faites à l'observatoire,
pendant quatre années consécutives et à des profondeurs différentes,
on trouve

$$h = 35°,924;$$

quantité qui se rapporte, par conséquent, à l'état moyen de l'atmosphère
pendant ces quatre années, et qu'on peut regarder comme la valeur de h
relative au climat de Paris. En faisant usage, en outre, des valeurs précédentes de a, b, c, il vient

$$I = \frac{ts}{t}(1753°,5),$$

pour la mesure de la chaleur incidente, pendant un temps t, et sur une
surface s perpendiculaire à la direction des rayons solaires, c'est-à-dire,
pour le nombre de degrés dont cette chaleur pourrait élever la température d'un mètre cube d'eau. En la divisant par 75, et la multipliant
par 1000000, on aura, exprimé en grammes, le poids de la quantité
de glace à zéro, que cette chaleur pourrait fondre. L'année étant ici l'u-
nité de temps, si l'on prend pour t une minute, il faudra faire

$$t = \frac{1}{365,25.24.60};$$

et si l'on prend pour s l'unité de surface, on en conclut

$$\frac{1}{t}(44^g,453),$$

pour la quantité de glace que pourrait fondre la chaleur solaire qui tombe
perpendiculairement sur un mètre carré, pendant une minute. Quant à
la fraction ε que cette quantité renferme, elle se rapporte à l'état de
la surface dans le jardin de l'observatoire, et nous serait difficile à évaluer.
Si l'on suppose, par exemple, qu'elle soit peu différente de l'unité, la
quantité de glace dont il s'agit, sera d'environ une cinquantaine de grammes. Dans les circonstances atmosphériques les plus favorables, à midi
et au solstice d'été, M. Pouillet a trouvé, par des expériences directes,
68° au lieu du nombre $44^g,453$ divisé par ε, que nous obtenons, et
qui est plus petit, comme cela doit être, puisqu'il répond à l'état moyen

de l'atmosphère, à toutes les heures du jour et pendant l'année entière.

La quantité I de chaleur incidente, qui se rapporte au climat et à la latitude de Paris, peut-être prise approximativement pour la moyenne des valeurs de cet élément, dans toutes les régions du globe. Alors en rapportant cette quantité I à la surface entière de la Terre, et prenant en conséquence pour s, l'aire d'un grand cercle, cette quantité totale de chaleur incidente, sera la même à tous les instants; on pourra donc prendre pour t l'année entière, ou l'unité de temps; et si l'on désigne par σ la surface de la Terre, on aura

$$s = \tfrac{1}{4}\sigma, \quad t = 1, \quad I = \frac{\pi a^2 bch}{4\iota}.\sigma.$$

Le coefficient de σ dans cette formule exprimera la hauteur, en mètres, d'une couche d'eau recouvrant toute la surface du globe, dont la température pourrait être élevée d'un degré par la chaleur que le Soleil envoie chaque année à la Terre entière, à travers l'atmosphère. En désignant par G l'épaisseur de la couche de glace, recouvrant aussi toute la Terre, que cette chaleur pourrait fondre, G se déduira du coefficient de σ en le divisant par 75; ce qui donne

$$G = \frac{\pi a^2 bch}{300.\iota};$$

et d'après les valeurs précédentes de a, b, c, h, on aura

$$G = \frac{1}{\iota}(5^m,845),$$

c'est-à-dire, environ sept ou huit mètres, si l'on suppose que ϵ diffère peu de l'unité. Par le rayonnement à travers sa surface, la Terre renvoie chaque année au-dehors, une quantité de chaleur égale à celle qu'elle a reçue du Soleil et qu'elle a absorbée; et cet équilibre a lieu, non-seulement pour la surface entière du globe, mais aussi, à très peu près, pour chacun de ses points en particulier.

Quoique les variations de la chaleur solaire ne soient plus sensibles à la profondeur d'une vingtaine de mètres, cependant elle ne s'arrête pas à cette limite, ni à aucune autre; et dans un temps suffisamment prolongé, elle a dû pénétrer dans la masse entière de la Terre, et jusqu'à son centre. La quantité dont elle augmente la température de ses différents points, n'est pas la même sur tous les rayons; elle varie aussi sur chaque rayon, avec la distance au centre; mais cette variation ne devient sensible qu'à de grandes distances de la surface, qui surpassent toutes les profondeurs où il est possible d'atteindre. A la surface et aux profondeurs accessibles, l'augmentation de la température moyenne, due à la chaleur solaire, est le produit de la température que j'ai désignée par h, et d'un facteur Q qui n'est fonction que de la latitude et de l'obliquité de l'écliptique; au centre, l'effet de la chaleur solaire est égal à la moyenne des valeurs de hQ relatives à toute la surface. Le facteur Q s'exprime par des fonctions elliptiques; au moyen des tables de Legendre, j'en ai calculé les valeurs numériques, pour la latitude de Paris, et à l'équateur; et je les ai trouvées très peu différentes de $\frac{2}{3}$ et de $\frac{14}{25}$: aux pôles, ce facteur doit être remplacé par le sinus de l'obliquité de l'écliptique, à peu près égal à $\frac{2}{5}$. D'après la valeur précédente de h, l'augmentation de température due à la chaleur solaire, est donc à Paris, d'environ 24°; à l'équateur, elle doit surpasser 33°, et aux pôles, être moindre que 14°, si la valeur de h, comme il y a lieu de le croire, est plus petite aux pôles que dans nos climats, et plus grande à l'équateur.

L'observation nous a appris, depuis long-temps, que la température des lieux profonds augmente avec la distance à la surface de la Terre, et à peu près uniformément sur chaque verticale; de sorte qu'en désignant par u la température à une profondeur x, d'une vingtaine de mètres et au-delà, on a

$$u = f + g\,x\,;$$

f et g étant des quantités indépendantes de x, qui devront être déterminées par l'expérience pour chaque localité : la première exprime, à très peu près, la température moyenne de la surface; la seconde est l'accroissement de température pour chaque mètre d'augmentation dans la profondeur x, si l'on prend le mètre pour unité de longueur.

D'après des expériences faites à Genève, par MM. A. Delarive et Marcet, avec un grand soin, et étendues jusqu'à la profondeur de 225^m, on a

$$f = 10°,140, \quad g = 0°,0307\,;$$

ce qui répond à un degré d'accroissement pour environ 32 mètres et demi de profondeur. A Paris, la température des caves de l'Observatoire, à 28 mètres de profondeur, est de 11°,834; dans un puits foré, peu éloigné de l'Observatoire, M. Arago a trouvé une température de 20° à la profondeur de 248^m, et de 22°,2 à la profondeur de 298^m; ce qui fait, en en retranchant la température et la profondeur des caves, 8°,166 et 10°,366 pour 220^m et 270^m, c'est-à-dire, 0°,0371 ou 0°,0384, pour l'accroissement de température, correspondant à chaque mètre de profondeur. En prenant la moyenne de ces deux valeurs, on aura donc

$$g = 0°,0377;$$

quantité plus grande qu'à Genève, dans le rapport de cinq à quatre, et qui répond à un degré pour environ 26^m de profondeur. En même temps, on aura à Paris

$$f = 11,834 - 28 \, (0°,0377) = 10°,778.$$

Mais, si l'on veut conclure de cette valeur de f, la température moyenne de la surface au même lieu, il faut, pour plus d'exactitude, en retrancher une petite quantité, dont la valeur est $0°,267$; ce qui donne $10°,511$, pour cette température moyenne; laquelle diffère très peu de la température climatérique $10°,822$, c'est-à-dire de la température moyenne, marquée par un thermomètre exposé à l'ombre et à l'air libre, que M. Bouvard a déduite de 29 années consécutives d'observations. En faisant subir la même correction à la valeur de f qui a lieu à Genève, on a $10°,140, - 0°,267$, ou $9°,873$, pour la température moyenne de la surface; ce qui diffère aussi fort peu de la température climatérique de cette ville, que M. A. Delarive évalue à $10°,07$, en faisant concourir à sa détermination les observations des dernières années. A l'équateur, et en d'autres lieux, on trouve également très peu de différence entre la température climatérique, et celle de la surface du sol.

Cette coïncidence presque parfaite entre la température de la surface même du globe, et celle que marque un thermomètre suspendu dans l'air et à l'ombre, à quelques mètres au-dessus de cette surface, est un fait très remarquable. Elle ne subsiste qu'à l'égard des températures moyennes; celles qui ont lieu à chaque instant, suivent des lois très différentes pour la surface de la Terre et pour le thermomètre extérieur. A Paris, l'excès du *maximum* annuel sur le *minimum*, calculé, pour cette surface, au moyen des formules de mon ouvrage, s'élève à $23°,563$, tandis que pour les températures extérieures, l'excès de la plus grande de l'année sur la plus petite, n'est que d'environ 16 ou $17°$. La température propre de la couche d'air en contact immédiat avec la surface du globe, peut différer à chaque instant de celle de cette surface même, soit à raison de la mobilité du fluide, soit parce qu'il s'échauffe et se refroidit autrement que le solide sur lequel il repose; mais on doit admettre que par l'effet d'un contact long-temps prolongé, la température moyenne devient la même pour le fluide et pour le solide; on peut aussi supposer que la température propre de l'air reste la même, du moins dans sa valeur moyenne, jusqu'à quelques mètres au-dessus du sol, par exemple, jusqu'à la hauteur où est placé le thermomètre extérieur; alors la moyenne des températures annuelles que marque cet instrument, serait la température moyenne de l'air environnant, égale, par hypothèse, à celle de la surface du sol; au lieu que le nombre de degrés qu'il indique à chaque instant, résulte de la chaleur propre de l'air et de la chaleur rayonnante qu'il reçoit de toutes parts. Telle est, si je ne me trompe, l'explication ou la conséquence du fait que je viens de signaler.

Près de la surface de la Terre, la partie de la température moyenne, due à la chaleur solaire, varie avec l'obliquité de l'écliptique qui entre dans la fonction que j'ai désignée par Q. Cette inégalité séculaire est accompagnée, comme les inégalités diurnes et annuelles, d'une variation dans le sens de la profondeur que l'on ne peut déterminer exactement, faute de connaître l'expression de l'obliquité en fonction du temps; mais les données que l'on a sur l'extrême lenteur des déplacements de l'écliptique, et sur son peu d'amplitude, suffisent pour montrer que les variations de la température terrestre qui en proviennent, sont très faibles et doivent entrer pour fort peu de chose dans l'accroissement observé de la température des lieux profonds. Fourier et ensuite Laplace ont attribué ce phénomène à la chaleur d'origine que la Terre conserverait encore à l'époque actuelle, et qui croîtrait en allant de la surface au centre, de telle sorte qu'elle fût excessivement élevée vers le centre, mais très peu considérable près de la superficie : en vertu de cette chaleur initiale, la température serait aujourd'hui de plus de 2000 degrés, à une distance de la surface, égale seulement au centième du rayon; au centre, elle surpasserait 200000 degrés, en l'évaluant toutefois au moyen des formules ordinaires, qui se rapportent aux corps solides homogènes. Mais quoique cette explication ait été généralement adoptée, j'ai exposé, dans mon ouvrage, les difficultés qu'elle présente, et qui m'ont paru la rendre inadmissible : je crois avoir montré comment la Terre a dû perdre, depuis long-temps, toute la chaleur provenant de son état primitif; et de nouvelles réflexions m'ayant confirmé dans cette opinion, je vais la présenter ici avec plus de précision et d'assurance que je ne l'avais fait d'abord.

La forme à peu près sphérique de la Terre et des planètes, et leur aplatissement aux pôles de rotation, ne permettent pas de douter qu'elles n'aient été originairement fluides. Dans le problème qui a pour objet

de déterminer la figure de ces corps, les géomètres les considèrent,
en effet, comme des masses liquides, composées de couches dont chacune a la même densité dans toute son étendue, qui tournent toutes
autour d'un même axe de direction constante, avec une vitesse connue
et aussi constante. La densité décroît d'une couche à une autre, en allant
du centre à la surface, soit à cause que ces couches hétérogènes ont
des densités propres et sont regardées comme incompressibles, et que les
plus denses se sont portées vers le centre pour la stabilité du système;
ou bien, soit parce que, d'après une idée de D. Bernouilli reproduite
par Th. Young, toutes ces couches sont formées d'un liquide homogène,
susceptible d'un certain degré de compression, et dont la densité croît
en conséquence, en se rapprochant du centre, à raison de la pression aussi croissante que ce liquide exerce sur lui-même. Dans l'un
et l'autre cas, on suppose que la masse entière du liquide est parvenue, après de nombreuses oscillations, à une figure permanente, que
l'on détermine dans cet état de fluidité, et que le liquide a conservée
ensuite en se solidifiant. La solution de ce problème d'hydrostatique
n'exige pas que l'on connaisse la température du liquide; mais maintenant
si l'on suppose qu'elle soit très élevée et beaucoup supérieure à la température de l'espace, au lieu où la planète se trouve, on ne voit pas quelle
peut être la pression extérieure qui empêche le liquide de se dilater et de
se réduire en vapeur, au lieu de passer, au contraire, à l'état solide; et
s'il était possible que les couches voisines de la surface eussent commencé
à se solidifier, avant que les couches intérieures eussent perdu leur
chaleur initiale, on ne voit pas non plus comment celles-ci, par leur ten-
dance à se dilater, dont on connaît toute la puissance, n'auraient pas
brisé l'enveloppe solide extérieure, à mesure qu'elle se serait formée.
Observons d'ailleurs que cette haute température de la planète à l'état liquide, est une supposition gratuite dont il serait difficile de trouver aucune explication. A la vérité, dans le cas où le corps est d'abord un liquide
plus ou moins compressible, dont les couches augmentent de densité en
allant de la surface au centre, et finissent même par se solidifier, à raison
des pressions qu'elles supportent; cette condensation et ce changement d'é-
tat ont pu développer une grande quantité de chaleur; mais il faut remarquer que dans cette manière de voir, la solidification commencerait vraisemblablement par les couches centrales: le noyau devenu solide, serait un foyer
de chaleur qui échaufferait la couche adjacente, encore à l'état liquide; la
densité de cette couche diminuerait; elle s'élèverait donc, et se trouverait

2..

remplacée par une nouvelle couche, qui s'échaufferait de même en se solidifiant; et ainsi de suite, jusqu'à ce que la masse entière eût passé à l'état solide. On conçoit donc que le noyau solide, en augmentant ainsi graduellement, communiquerait à la partie encore liquide, les quantités successives de chaleur qui se dégageraient des nouvelles couches solidifiées, et qu'à raison de la mobilité des molécules liquides, ces quantités de chaleur seraient transportées à la surface, où elles se dissiperaient dans l'espace, sous forme rayonnante. En même temps qu'elle passerait à l'état solide, la masse liquide perdrait donc toute la chaleur développée par ce changement d'état; mais c'est ce que l'on verra encore mieux, en prenant les choses de plus haut, et remontant à la cause probable de la fluidité initiale des planètes.

Pour fixer les idées, raisonnons dans l'hypothèse connue de Laplace sur l'origine de ces corps, suivant laquelle ils sont des portions de l'atmosphère du Soleil, qu'elle a successivement abandonnées en se concentrant vers cet astre. La Terre était donc primitivement une masse aériforme, d'un très grand volume par rapport à celui qu'elle a maintenant, et formée des différentes matières solides et liquides dont elle se compose aujourd'hui, qui se trouvaient alors à l'état de vapeur, c'est-à-dire dans l'état d'un fluide aériforme dont la densité ne peut dépasser un *maximum* relatif à son degré de chaleur, et qui se liquéfie ou se solidifie, dès que l'on augmente la pression qu'il éprouve, sans changer sa température. Celle de la Terre dépendait alors du lieu qu'elle occupait dans l'espace et de sa distance au Soleil, et pouvait être plus ou moins élevée. Mais indépendamment des attractions et répulsions qui n'ont lieu qu'entre les molécules voisines, et qui produisent la force élastique des fluides aériformes, égale et contraire à la pression qu'ils supportent; les molécules de la Terre étaient aussi soumises à leur attraction mutuelle, en raison inverse du carré des distances; et de cette force, il est résulté, sur toutes les couches de la masse fluide, une pression nulle à sa surface, croissante de la surface au centre, et qui a dû être extrêmement grande au centre même, où elle pouvait, par exemple, surpasser 100000 fois la pression atmosphérique actuelle. C'est cette pression croissante, et non pas une température extérieure beaucoup moindre que celle du fluide, qui a réduit successivement toutes ses couches à l'état solide, en commençant par les couches centrales, et continuant, de proche en proche, jusqu'à ce qu'il ne soit plus resté que les matières qui forment aujourd'hui la mer et notre atmosphère. Mais cette réduction n'a pas été instantanée; car il a fallu un certain temps à chaque couche fluide, pour se rapprocher du centre vers lequel elle était poussée par la pression qu'elle éprouvait, et qui était la force motrice de ce mouvement. Or, on conçoit, si l'on a égard à la vitesse presque infinie du rayonnement, que ce temps a suffi pour que les couches de la Terre, en se solidifiant l'une après l'autre, aient dû perdre toute la chaleur développée pendant leur changement d'état, et qui s'en est échappée, sous forme rayonnante, à travers les couches supérieures, encore à l'état de vapeur; en sorte qu'il ne reste plus, ni à l'époque actuelle, ni depuis bien long-temps, aucune trace de cette quantité de chaleur, quelque grande qu'elle ait pu être. Un effet semblable à celui que nous considérons, aurait lieu, par exemple, si l'on avait un cylindre horizontal d'une grande longueur, fermé à ses deux bouts, et rempli de vapeur d'eau à la température extérieure et au *maximum* de densité. Dans cette position du cylindre, le poids du fluide n'aurait aucune influence, et la pression serait la même dans toute sa masse; mais si l'on relevait le cylindre, et qu'on le plaçât verticalement sur une de ses deux bases, le poids des couches fluides produirait une pression croissante dans le sens de la pesanteur, qui s'ajouterait à la précédente; en vertu de cet accroissement de pression, les couches fluides se liquéfieraient successivement de bas en haut, et presque en totalité : le mouvement de chaque couche, pendant qu'elle descend, serait difficile à déterminer; mais le temps qu'il durerait, suffirait certainement pour que la chaleur latente de la vapeur liquéfiée s'échappât sous forme rayonnante, en supposant que les parois du cylindre, ou seulement son couvercle supérieur, n'opposassent aucun obstacle à ce rayonnement, ou fussent tout-à-fait perméables à la chaleur rayonnante; et de cette manière, l'eau provenant de la vapeur, ne se serait point échauffée, et aurait conservé la température extérieure.

En renonçant donc à la chaleur d'origine pour rendre raison de l'élévation de température des lieux profonds, j'ai proposé une autre explication de ce phénomène, fondée sur une cause dont l'existence est certaine, et qui peut certainement produire un effet semblable à celui que l'on observe. Cette cause est l'inégalité de chaleur des régions de l'espace que la Terre traverse, en s'y mouvant avec le Soleil et tout le système planétaire, avec une vitesse que l'observation n'a pas encore fait connaître. La température d'un lieu quelconque de l'espace, ou celle que marquerait un thermomètre placé en ce point, est produite par la chaleur rayonnante qui vient s'y croiser en tous sens, et qui émane des différentes étoiles. Ces astres forment autour de chaque point de l'espace, une enceinte immense, mais fermée de toutes parts; car, en menant de ce point,

suivant une direction quelconque, une droite indéfiniment prolongée,
elle finira toujours par rencontrer une étoile, visible ou invisible. Or,
quelles que soient sa forme et ses dimensions, si cette enceinte avait
partout la même température, celle de l'espace serait aussi partout la même;
mais il n'en est pas ainsi : la chaleur propre de chaque étoile, aussi bien
que sa lumière, est entretenue par une cause particulière, et ces corps
incandescents ne tendent pas à prendre une même température, par l'effet
d'une échange continuel de chaleur rayonnante. Cela étant, la température de l'espace varie donc d'un point à un autre; mais à raison de l'immen-
sité de l'enceinte stellaire, il faut, pour que cette variation soit sensible,
qu'il s'agisse de deux points séparés par une très grande distance. Dans
l'étendue du déplacement annuel de la Terre, la température de l'espace
sera sensiblement égale; au contraire, celle des régions éloignées que le
Soleil et les planètes parcourent dans leur mouvement commun, ne sera
pas constamment la même; et la Terre, comme chacune des autres planètes, éprouvera des variations correspondantes de chaleur. Toutefois, à
cause de la grandeur de sa masse, on conçoit qu'en passant d'un lieu
plus chaud dans un lieu plus froid, notre globe n'aura pas perdu, dans
la seconde région, toute la chaleur qu'il avait prise dans la première; et
semblable à un corps d'un volume considérable, qu'on transporterait de
l'équateur dans nos climats, la Terre, arrivée dans la région plus froide,
présentera, comme on l'observe effectivement, une température croissante à partir de sa surface. Le contraire aura lieu lorsque la Terre, par
suite de son mouvement dans l'espace, passera d'une région plus froide
dans une région d'une température plus élevée.

Nous ne pouvons connaître ni les grandeurs, ni les périodes de ces variations de température; mais, comme toutes les inégalités à longues périodes, comme celle qui proviendrait, par exemple, du déplacement séculaire
de l'écliptique, si elle était sensible, ces variations s'étendront jusqu'à de
très grandes profondeurs, mais non pas jusqu'au centre de la Terre, ni peut-
être même jusqu'à une distance de la surface qui soit une partie considérable du rayon : l'accroissement ou le décroissement de température dans le
sens vertical, dont elles seront accompagnées, subsistera jusqu'à une distance
bien plus grande que toutes les profondeurs accessibles; à cette distance,
il atteindra son *maximum;* au-delà, il se changera en un décroissement ou
un accroissement, et disparaîtra ensuite complétement. On peut faire sur
les inégalités de température des régions de l'espace que la Terre traverse,
une infinité d'hypothèses différentes qui ne seront que des exemples de cal-

cul, propres seulement à montrer comment ces inégalités doivent influer sur la température de la couche extérieure du globe; pour que cette influence soit sensible, il faudra et il suffira, en général, que le *maximum* et le *minimum* consécutifs de la chaleur de l'espace diffèrent beaucoup l'un de l'autre, et qu'ils soient séparés par un très long intervalle de temps.

D'après l'exemple que j'ai choisi arbitrairement dans mon ouvrage, la température de l'espace en un million d'années, passerait de $+100°$ à $-100°$, et reviendrait de $-100°$ à $+100°$; et si l'on supposait de plus qu'elle fût maintenant à son *minimum*, il en résulterait à l'époque actuelle, un accroissement de température de la Terre, à partir de sa surface, à peu près égal à celui que l'on observe. Cet accroissement serait sensiblement uniforme, jusqu'à toutes les profondeurs accessibles; il varierait ensuite; et à une profondeur d'environ 7000 mètres, la température du globe atteindrait son *maximum*, et surpasserait d'environ $107°$, celle de la superficie; au-delà elle diminuerait, de sorte que vers 60000 mètres de distance à la surface, l'influence de l'inégalité de température de l'espace aurait entièrement disparu. Dans ce même exemple, la température de la surface du globe il y a 5000 siècles, surpassait celle qui a lieu aujourd'hui, d'un peu moins de $200°$, et il en serait de même, quand 5000 siècles se seront encore écoulés; ce qui a rendu et rendrait de nouveau, la Terre inhabitable à l'espèce humaine; mais 500 siècles avant et 500 siècles après l'époque où nous vivons, cette température de la surface n'excéderait que d'à peu près $5°$, celle que nous observons (1).

Telle est, dans mon opinion, la cause véritable de l'augmentation de température qui a lieu sur chaque verticale à mesure que l'on s'abaisse au-dessous de la surface du globe. Dans cette théorie, la température moyenne de la superficie, varie avec une extrême lenteur, mais incomparablement moindre que la partie de la température qui serait due à la chaleur d'origine, si elle était encore sensible à l'époque actuelle. De plus, cette variation est alternative, et peut ainsi concourir à l'explication des révolutions que la couche extérieure du globe a subies; au lieu que la partie de la température qui pourrait être due à l'autre cause, diminue continuellement et sans alternative. Si l'accroissement observé dans le sens de la profondeur, provenait réellement de la chaleur d'origine, il s'ensuivrait qu'à l'époque actuelle, cette chaleur initiale augmenterait la température de la surface même, d'une petite fraction de degré; mais pour que cette petite

----

(1) **Note B**, à la fin du mémoire.

augmentation se réduisît à moitié, par exemple, il faudrait qu'il s'écoulât plus de mille millions de siècles (1); et si l'on voulait remonter à une époque où elle pouvait être assez considérable pour influer sur les phénomènes géologiques, on devrait rétrograder d'un nombre de siècles qui effraie l'imagination la plus hardie, quelle que soit d'ailleurs l'idée qu'on puisse avoir de l'ancienneté de notre planète.

Maintenant, à une profondeur x sur une verticale déterminée, désignons par v la partie de la température de la Terre qui est due, soit à la chaleur d'origine, si l'on veut qu'elle n'ait pas encore entièrement disparu, soit, dans notre opinion, à la chaleur que la Terre apporte de la région de l'espace qu'elle a quittée. On aura

$$v = l + gx\,;$$

g et l étant des quantités indépendantes de x, dont la première est la même que dans l'expression de u citée plus haut, et la seconde exprime la fraction de degré dont l'une ou l'autre de ces deux sortes de chaleurs, augmente actuellement la température de la surface, au lieu que l'on considère. Dans le cas de la chaleur d'origine, cette valeur de v, croissante uniformément avec x, subsistera à toute profondeur très petite en égard au rayon de la Terre; dans l'autre cas, il n'est pas impossible que cet accroissement cesse d'être uniforme à des profondeurs accessibles; si donc, en creusant dans un terrain homogène, on trouvait que l'augmentation de température s'écarte notablement de l'uniformité, ce serait une preuve directe et indépendante des raisons qui viennent d'être exposées, que ce phénomène n'est pas dû à la chaleur initiale du globe, tandis qu'il n'y aurait rien à en conclure contre l'explication que nous en avons donnée. Dans les deux cas, les quantités g et l varient avec le temps; dans le premier, elles décroissent suivant une même progression géométrique dont le rapport diffère excessivement peu de l'unité; dans le second, les lois de leurs variations nous sont inconnues; mais elles sont beaucoup moins lentes, et il ne serait pas non plus impossible que ces variations fussent rendues sensibles par des observations anciennes et modernes sur les climats, séparées, par exemple, par un intervalle d'une vingtaine de siècles.

Dans toute hypothèse, ces deux quantités g et l sont toujours liées entre elles par l'équation

$$g = bl,$$

dans laquelle b est la même quantité que plus haut, et qui servira à déter-

---

(1) Note C, à la fin du mémoire.

miner l, lorsque l'observation aura fait connaître la valeur de g, et que l'on connaîtra aussi celle de b. A Paris, on a

$$g = 0°,0377, \quad b = 1,05719;$$

d'où l'on tire

$$l = 0°,0357,$$

ou à peu près un 30e de degré. La théorie montre aussi que la quantité g ne dépend que de la nature du terrain et nullement de l'état de la superficie, du moins quand cette quantité provient de la chaleur intiale du globe, et que l'état de sa surface est supposé invariable : déterminer les lois du refroidissement d'un corps dans le cas où le pouvoir rayonnant de la surface varie avec le temps, est un problème que l'on n'a pas encore résolu.

En vertu de cette température ν, croissante avec la profondeur, il se produit à travers la surface et de dedans en dehors, un flux de chaleur dont l'expression est $k \dfrac{d\nu}{dx}$, ou kg; le facteur k désignant, comme plus haut, la conductibilité de la matière du terrain. On a d'ailleurs

$$k = a^2 c,$$

et, à l'Observatoire de Paris,

$$a = 5,11655, \quad c = 0,5614.$$

De cette valeur de la chaleur spécifique c que M. Élie de Beaumont a supposée, et en prenant un 30e de mètre pour la valeur de g, il a conclu que le flux de chaleur qui a lieu à travers un mètre carré et pendant une année, serait capable de fondre une couche de glace à zéro, qui aurait ce mètre carré pour base et $0^m,0065$ d'épaisseur.

En un lieu quelconque de la Terre, la température moyenne de la surface que nous avons désignée par f, se compose d'un terme provenant de la chaleur solaire, qui a aussi été représenté plus haut par le produit hQ; de la fraction de degré que l'on vient de désigner par l; d'un terme dû à la chaleur rayonnante des étoiles, parvenue à cette surface à travers l'atmosphère; et d'un autre terme provenant de la chaleur rayonnante de l'atmosphère. Si l'on représente ces deux derniers termes respectivement par ζ et ψ, on aura donc

$$f = hQ + l + \zeta + \psi.$$

En retranchant de f, les quantités hQ et l, et appelant ρ le reste, il en résultera

$$p = \zeta + \psi;$$

et cette température p sera celle qui aurait lieu, si le Soleil n'existait pas et que la Terre eût perdu toute sa chaleur initiale. Ses deux parties ζ et ψ, d'origine différente, sont les températures que devraient avoir tous les points d'une enceinte hémisphérique, située au-dessus du plan tangent à la surface du globe au point que l'on considère, pour envoyer à ce point, les quantités de chaleur qu'il reçoit effectivement des étoiles et de l'atmosphère; il importe de les distinguer l'une de l'autre, et de les examiner séparément.

Supposons d'abord que la Terre n'ait pas d'atmosphère, et que la température de l'espace soit partout la même. Après un intervalle de temps suffisamment prolongé, ce corps solide prendra cette température dans toute sa masse. Recouvrons ensuite sa surface, d'une couche liquide ou solide, susceptible de se réduire en gaz à une température déterminée. Si cette température est supérieure à ζ, cette réduction n'aura pas lieu, la couche additive prendra la température ζ de la Terre et de l'espace, et rien ne sera changé. Lorsqu'au contraire, la température ζ surpassera celle où cette couche doit se réduire en gaz, elle s'y réduira effectivement, et formera une atmosphère limitée autour de la Terre. Supposons encore que ce fluide soit dépourvu de la faculté de rayonner, et de celle d'absorber la chaleur rayonnante, soit de la Terre, soit des étoiles; en sorte qu'il ne s'échauffe que par le contact avec la Terre, et par la communication, de proche en proche, dans toute sa hauteur. Alors, la Terre conservera la température ζ; à sa surface, celle de l'air sera aussi égale à ζ; puis elle décroîtra jusqu'à la limite supérieure de l'atmosphère où elle devra être telle que l'air ait perdu toute sa force élastique, et se soit liquéfié. A raison du poids des couches atmosphériques, leur densité décroîtra aussi en allant de bas en haut, et il sera facile de former les deux équations différentielles d'où dépendent les lois de décroissement de cette densité et de la température (1). En effet, on appliquera à une colonne d'air qui s'appuie à la surface du globe, et se termine à la limite de l'atmosphère, l'équation relative aux températures permanentes d'une barre hétérogène, dont les deux températures extrêmes sont données; l'une étant la température du globe, et l'autre, celle de la liquéfaction de l'air à cette limite. La seconde équation sera fournie par la condition générale de l'é-

____

(1) Note **D**, à la fin du mémoire.

quilibre du fluide, suivant laquelle la différence des forces élastiques de deux couches séparées par une troisième, doit être égale au poids de celle-ci. Mais si nous rendons à l'air la faculté de rayonner et d'absorber une partie de la chaleur rayonnante de la Terre, et si nous continuons de supposer, pour ne pas compliquer la question, qu'il n'absorbe pas celle des étoiles, la Terre recevra toujours de l'enceinte stellaire, la même quantité de chaleur qu'auparavant; ce qui n'empêchera pas sa température de s'abaisser au-dessous de ζ, à raison de l'échange de chaleur qui aura lieu entre ce corps et les couches atmosphériques, éloignées de sa surface, dont les températures sont moindres que ζ. Quant aux lois de sa densité et de sa température dans toute la hauteur de l'atmosphère, ce serait un problème très difficile de les déterminer en ayant égard à l'absorption et au rayonnement; et il ne serait pas même aisé de dire si sa densité et sa température moyennes augmenteront ou diminueront, et si cette masse fluide s'étendra ou se rétrécira, par l'effet combiné de l'échange de chaleur rayonnante avec la Terre, et de l'abaissement de la température de l'air en contact avec la surface du globe, devenue plus froide. Toutefois, dans le cas que nous considérons, la température ψ, qui a cet échange pour origine, sera certainement négative, puisque l'effet de cet échange mutuel doit être de diminuer la température ρ de la Terre à sa surface, et de la rendre moindre que ζ.

Dans la nature, les températures ζ et ψ dépendent de l'inégalité qui peut avoir lieu entre les quantités de chaleur stellaire, émanées des différentes régions du ciel; de l'absorption qu'elles éprouvent en traversant l'atmosphère; de l'inégal échauffement des parties de cette masse fluide, par la chaleur solaire; etc. Leur somme $\zeta + \psi$ est déterminée de la manière la plus générale, par l'équation (10) de la page 472 de mon ouvrage, où elle est désignée par ξ; mais pour déduire de cette équation, la valeur numérique de ξ, à une époque et en un lieu déterminés, nous manquons des données nécessaires, soit sur la différence du rayonnement des étoiles, soit sur la constitution de notre atmosphère et le pouvoir absorbant du fluide qui la compose.

En ce qui concerne la chaleur stellaire, il y a lieu de penser que toutes les régions du ciel ne nous envoient pas des quantités égales de chaleur : si l'on imagine un cône extrêmement aigu, qui ait son sommet en un point de la surface du globe, et qui se prolonge jusqu'aux étoiles; à raison de leur immense distance de la Terre, ce cône en renfermera un très grand nombre, et c'est la moyenne des quantités de chaleur qu'elles émettront dans le sens de ce rayon conique, que je prends pour l'intensité de la chaleur stellaire dans cette direction; or, il serait hors de toute vraisemblance, que cette intensité demeurât la même, en faisant tourner le cône suivant toutes les directions autour de son sommet, comme aussi, en déplaçant ce sommet, et le transportant d'un point à un autre de la surface du globe : toutefois des expériences très délicates pourraient seules nous faire connaître quelles sont les parties du ciel où le rayonnement stellaire a la plus grande ou la moindre intensité ; et jusqu'à présent, l'observation ne nous a rien appris sur ce sujet, l'un des plus intéressants de la physique céleste. Aux différentes heures du jour, la quantité totale de chaleur stellaire qui parvient à chaque point du globe, provient de toutes les étoiles situées au-dessus de son horizon; en un temps donné, elle peut donc varier d'un lieu à un autre, et n'être pas la même, par exemple, à l'équateur et aux pôles. Les quantités de chaleur stellaire, qui nous arrivent dans un même intervalle de temps, peuvent aussi être fort inégales pour les deux hémisphères; et cette inégalité est une des causes possibles de la différence de température moyenne des hémisphères boréal et austral.

Relativement à la constitution physique de l'atmosphère, les lois de décroissement de la quantité de vapeur, de la densité, de la température, à mesure que l'on s'élève au-dessus de l'horizon, ne nous sont aucunement connues. Le décroissement d'un degré pour 172 mètres de différence dans les hauteurs verticales, que l'on a conclu de l'expérience aérostatique de M. Gay-Lussac, se rapporte à la température marquée par un thermomètre suspendu à l'air libre, et ne nous fait pas connaître celle des couches d'air elles-mêmes, dont la température propre détermine le rayonnement, et influe peut-être sur le pouvoir absorbant. Tout ce que nous savons à cet égard, c'est que la température moyenne de l'air en contact avec la superficie du globe, doit être égale à celle de cette surface, et qu'à la limite supérieure de l'atmosphère, la température propre du fluide ne peut surpasser celle de sa liquéfaction, au degré où la densité se trouve réduite. La première condition résulte, comme on l'a dit plus haut, d'un contact continuel de la couche inférieure de l'atmosphère et de la surface de la Terre; la seconde est une condition nécessaire à l'équilibre de la masse fluide, et indépendante de l'équation générale de cet équilibre.

En effet, si l'on divise cette masse en couches concentriques d'une épaisseur infiniment petite, ou du moins assez petite pour que le

poids de chaque couche soit insensible ; le poids d'une couche intérieure
suffira, néanmoins, pour faire équilibre à la différence des pressions
qui s'exerceront en sens contraire sur ses deux faces, et qui ont pour
mesures les forces élastiques des deux couches adjacentes ; mais la couche
la plus élevée n'éprouvant aucune pression sur sa face supérieure, son
poids ne pourrait balancer la pression qui aurait lieu sur son autre face,
si celle-ci avait une grandeur sensible ; par conséquent, la force élastique de l'air doit être nulle à la limite de l'atmosphère, dont la distance à
la surface de la terre, est beaucoup moindre que la distance à laquelle sa
force centrifuge détruirait sa pesanteur. Or, la force élastique ne saurait
se réduire à zéro, parce qu'elle décroîtrait seulement à raison de la densité, et par exemple, suivant la loi de Mariotte ; car alors, tant que l'air
aurait une densité aussi faible qu'on voudra, il aurait aussi une force
élastique en vertu de laquelle il se dilaterait encore davantage ; et l'atmosphère ne pouvant se terminer, elle se dissiperait en entier dans l'espace. On ne peut pas objecter que l'atmosphère serait maintenue par la
pression de l'éther sur sa surface supérieure ; car l'éther pénètre dans la
masse d'air ; et la force élastique de l'éther intérieur, en s'exerçant de
dedans en dehors, détruit la pression exercée en sens contraire par l'éther
extérieur. C'est donc par le froid que les dernières couches de l'atmosphère
doivent perdre leur ressort : près de sa surface supérieure, la température
de l'air doit être celle de la liquéfaction de ce fluide, et la couche d'air
liquide doit avoir l'épaisseur nécessaire pour que son poids fasse équilibre
à la force élastique de l'air inférieur, sur lequel elle repose. Si la force
moléculaire disparaissait dans cette couche extrême, à raison de la distance mutuelle des molécules, devenue très grande par l'effet de la raréfaction du fluide, cette couche ne s'appuierait plus sur celle qui se trouve
immédiatement au-dessous ; la pesanteur de ses molécules vers la terre,
ne pourrait plus être détruite qu'en leur supposant une vitesse de rotation
et une force centrifuge, plus grandes que celle de cette autre couche ; et
celle-ci n'éprouvant plus aucune pression extérieure, ce serait elle qu'on
devrait considérer comme la couche extrème de l'atmosphère, et qui ne
pourrait perdre sa force élastique que par la liquéfaction.

Nous ne connaissons aucunement la température nécessaire pour liqué-
fier l'air atmosphérique pris à la densité ordinaire, ni, à plus forte raison,
dans l'état de raréfaction des couches supérieures ; mais nous ne pouvons
pas douter qu'elle ne soit extrêmement basse, et peut-être encore beaucoup plus dans le cas d'une très faible densité. Cette température indis-

pensable pour que l'atmosphère puisse se terminer, est, ce me semble, la vraie cause du froid excessif de sa partie supérieure, et du décroissement de chaleur de ses couches successives, à mesure que l'on s'élève au-dessus de la surface du globe. Ce phénomène aurait donc encore lieu, lors même que l'atmosphère serait parfaitement en repos; et il ne serait pas dû, comme on l'a dit quelquefois, à un mouvement ascensionnel de l'air, dans lequel ce fluide se dilate par la diminution de pression, et se refroidit en conséquence. Ceux qui ont donné cette explication, n'ont pas remarqué que ce mouvement de bas en haut, est accompagné d'un autre mouvement qui a lieu en sens contraire, et que dans ce double mouvement, les masses d'air se mêlent et se traversent mutuellement, de manière qu'il serait difficile de décider s'il en doit résulter une augmentation ou une diminution de la densité et de la température moyennes du mélange. Au reste, on ne doit pas perdre de vue que cette température extrêmement basse de la couche supérieure de l'atmosphère, est celle de l'air même, dont cette couche est formée, et non pas la température que marquerait un thermomètre qui y serait plongé : celle-ci peut être beaucoup plus élevée; elle résulterait du contact de l'air, et de la chaleur rayonnante des étoiles, du soleil, de la terre, de l'atmosphère; mais la première cause aurait peu d'influence, à raison de l'extrême ténuité du fluide; de telle sorte que la température moyenne, marquée par ce thermomètre, pourrait différer très peu de celle qu'il indiquerait, si on le transportait en dehors et un peu au-dessus de l'atmosphère.

Puisqu'il nous est impossible de déterminer directement les températures ζ et $\downarrow$, pour en déduire ensuite celle que l'on a désignée par ρ; c'est, au contraire, la valeur de ρ, donnée par l'observation, qui fera connaître la somme $\zeta + \downarrow$ des deux autres, et par conséquent une limite de ζ, d'après le signe de $\downarrow$; de manière qu'on ait $\zeta > \rho$ ou $\zeta < \rho$, selon que $\downarrow$ sera une température négative ou positive; ce que l'observation peut effectivement nous apprendre. En effet, l'expérience que l'on attribue à Wollaston, et que j'ai citée à la page 445 de mon ouvrage, met non-seulement en évidence le rayonnement de l'atmosphère, mais elle prouve de plus, que l'échange de chaleur entre les couches atmosphériques et la terre, doit avoir pour effet de refroidir la surface du globe, d'où l'on conclut, d'accord avec ce qui a été dit plus haut, que $\downarrow$ est une température négative, et qu'on a en conséquence $\zeta > \rho$; conclusion importante, comme on va le voir, pour l'évaluation approximative de la température de l'espace, au lieu où la Terre se trouve actuellement.

Par un point quelconque de la surface qui termine l'atmosphère, supposons que l'on mène à cette surface un plan tangent indéfiniment prolongé, et soit z la température qu'il faudrait donner à tous les points de l'enceinte stellaire, pour que la portion située au-dessus de ce plan, envoyât au point que l'on considère, la quantité de chaleur rayonnante qu'il reçoit effectivement des étoiles. Relativement à ce point de la surface atmosphérique, z désigne une quantité analogue à celle que l'on a représentée par ζ à l'égard d'un point quelconque de la surface du globe; et si ces deux points appartiennent à une même verticale, on aura toujours $\zeta < z$, à raison de l'absorption plus ou moins grande que la chaleur stellaire peut éprouver en traversant l'atmosphère. Désignons par $d\lambda$ l'élément de la surface atmosphérique, auquel répond la température z, et par μ cette surface entière. On démontre, dans la *Théorie de la Chaleur*, que l'intégrale $\int z d\lambda$, étendue à toute cette surface et divisée par μ, est l'expression exacte de la température de l'espace, telle qu'elle a été définie plus haut. Si donc on appelle ϵ cette température au lieu où la Terre se trouve actuellement, on aura

$$\epsilon = \frac{1}{\mu} \int z d\lambda\,;$$

par conséquent, à cause de $\zeta < z$ et $\rho < \zeta$, il en résultera

$$\epsilon > \frac{1}{\mu} \int \rho d\lambda\,;$$

or, en chaque point de la Terre, ρ est un peu moindre que la température de la surface, diminuée de la partie due à la chaleur solaire; il s'ensuit donc que ϵ surpasse la moyenne des températures de la surface entière, qui auraient lieu si le Soleil n'existait pas, et que cependant la température de l'atmosphère ne fût pas changée.

La valeur de ρ dépend du climat et de la latitude; à Paris elle est à très peu près égale à $11° - 24°$, ou à $-13°$; en la prenant pour la moyenne des valeurs de ρ qui répondent à toutes les régions du globe, on en conclura donc que la température ϵ est supérieure à $-13°$. On obtiendrait un résultat semblable, en prenant pour cette moyenne, la valeur de ρ, qui a lieu à l'équateur et qui doit être au-dessous de $27°,5 - 33°$. La quantité dont la température ϵ surpasse cette limite $-13°$, et qui provient du rayonnement et de l'absorption atmosphériques, ne semble pas devoir la rendre positive, et l'on peut croire que ϵ est d'un petit nombre de degrés au-dessous de zéro. D'après une formule de

M. Brewster, la température du pôle nord serait d'à peu près — 18° ;
celle du pôle sud est encore plus basse : la température de l'espace est
donc supérieure à celles des deux pôles de la Terre, au lieu de leur être
inférieure, et de s'abaisser à 5o ou 6o degrés au-dessous de zéro, ainsi que
Fourier l'avait dit. A plus forte raison, cette température stellaire est-elle
supérieure à celles que l'on observe quelquefois à de hautes latitudes, et
qui se trouvent au-dessous de la température moyenne de lieux encore
plus voisins du pôle, ou du pôle lui-même. Telle est, par exemple,
la température de — 57°, observée le 17 janvier 1834, par le capitaine
Back (1), à une latitude nord de 62°46', tandis que la température
moyenne de l'année entière, à la latitude de 78°, que M. Scoresby a aussi
déduite de l'observation, n'est que de — 8°,33. Un froid excessif et pas-
sager, qui a lieu dans une localité, peut avoir été produit par diverses
causes que nous ne connaissons pas; mais ce ne sont pas les températures accidentelles, c'est la moyenne de toute l'année et de toute la
surface du globe, que l'on doit faire servir à l'évaluation de la chaleur
de l'espace, ou d'une limite au-dessus de laquelle cette température est
certainement.

Voici encore plusieurs remarques extraites du dernier chapitre de mon
ouvrage, et qu'il ne sera pas inutile d'ajouter à ce qu'on vient de lire.

Dans le phénomène de la *rosée*, le refroidissement de la surface de
la Terre, qui détermine la précipitation de la vapeur d'eau, est produit par l'échange de chaleur rayonnante, soit entre la Terre et l'enceinte
stellaire, soit entre la Terre et l'atmosphère; et c'est la première ou la
seconde de ces deux causes simultanées qui a le plus d'influence, selon
que la température désignée plus haut par ζ, est inférieure ou supérieure
à celle que l'on a représentée par $\downarrow$; ce qu'il nous serait difficile de
décider, parce que ces deux effets s'ajoutent et ne peuvent pas être séparés l'un de l'autre.

Après avoir discuté complétement toutes les causes qui peuvent influer sur la température indiquée par un thermomètre exposé à l'air
libre et à l'ombre, j'ai trouvé qu'en la désignant par U, son expression
est de la forme

$$U = \frac{\beta x + \gamma u}{\beta y + \alpha},$$

---

(1) *Comptes rendus* hebdomadaires des séances de l'Académie des Sciences; année 1836,
1ᵉʳ semestre, page 575.

$\mathscr{C}$ étant la mesure du pouvoir absorbant de la surface du thermomètre ;
γ celle du pouvoir refroidissant de l'air en contact avec cet instrument,
qui est, comme on sait, indépendant de l'état de la surface ; α la
température propre de ce fluide ; x et y deux inconnues dépendantes
de la chaleur rayonnante du sol, et de celle de l'atmosphère, qui dépend
elle-même de l'état de cette masse fluide à l'instant de l'observation.
Cette valeur de U est indépendante de la hauteur du thermomètre au-
dessus de la surface de la Terre ; ce qui est conforme à l'expérience ;
mais elle suppose que l'élévation de l'instrument ne soit ni très considérable, ni très petite, comme le diamètre de la boule thermométrique ;
car, très près de la surface de la Terre, et à une grande élévation, les
quantités x et y changent de valeurs, et ne sont plus les mêmes qu'à
une hauteur de quelques mètres.

De la formule précédente, on déduit facilement

$$\frac{dU}{d\mathscr{C}} = \frac{\gamma(U - \alpha)}{\mathscr{C}(\mathscr{C}\gamma + \gamma)} ;$$

ce qui montre que quand le pouvoir absorbant de la surface du thermomètre augmente ou diminue, U varie dans le même sens ou en sens
contraire, selon que cette température est supérieure ou inférieure à
celle de l'air en contact avec l'instrument, c'est-à-dire, selon que la différence U — α est positive ou négative.

Si le thermomètre est exposé au Soleil, la température U s'élèvera, toutes
choses d'ailleurs égales, d'une quantité Δ qui aura pour expression

$$\Delta = \frac{\delta q}{\mathscr{C}\gamma + \gamma} ;$$

q étant une quantité proportionnelle à l'intensité de la chaleur solaire,
au lieu de l'observation, et δ la mesure du pouvoir absorbant de la surface
du thermomètre, relatif à ce genre de chaleur. Pour un second thermomètre, observé dans le même lieu, mais dont la surface sera différente ;
si l'on désigne par $\mathscr{C}'$, δ', Δ', ce que deviennent les quantités $\mathscr{C}$, δ, Δ,
relatives au premier, on aura

$$\Delta' = \frac{\delta' q}{\mathscr{C}'\gamma + \gamma},$$

et, par conséquent,

$$\Delta' - \Delta = \frac{(\delta' - \delta)\gamma q + (\delta'\mathscr{C} - \delta\mathscr{C}')\gamma q}{(\mathscr{C}\gamma + \gamma)(\mathscr{C}'\gamma + \gamma)}.$$

Or, si les pouvoirs absorbants d'une même surface sont égaux pour la

4

chaleur solaire et pour toute autre sorte de chaleur rayonnante, ou bien,
s'ils sont différents, mais qu'ils croissent dans un même rapport en passant
d'une surface à une autre; on aura $\frac{\delta'}{c'} = \frac{\delta}{c}$, ce qui réduira à $(\delta' - \delta)\gamma q$,
le numérateur de cette dernière formule. Dans cette hypothèse, ce sera
donc le thermomètre qui a le plus grand pouvoir absorbant, qui s'échauf-
fera le plus, en passant de l'ombre au soleil : il en sera de même, à plus
forte raison, si l'on a $\frac{\delta'}{c'} > \frac{\delta}{c}$; mais le contraire pourrait arriver, si l'on
avait $\frac{\delta'}{c'} < \frac{\delta}{c}$. On peut remarquer que, dans le vide où l'on a $\gamma = 0$, les
températures marquées par tous les thermomètres s'élèveront également
par l'effet de la chaleur solaire, quel que soit l'état de leurs surfaces,
dans le cas où leurs pouvoirs absorbants varient suivant un même rapport, pour les deux sortes de chaleurs rayonnantes.

C'est la température propre de l'air qui détermine sa densité sous une
pression donnée, et qui peut influer, soit directement, soit à raison de
cette densité, sur les facultés du fluide, d'absorber la chaleur, de réfracter
la lumière, etc. Dans beaucoup de questions de physique, c'est donc la
valeur de α, distincte de celle de U, qu'il importe de connaître. Or, l'expression de U contenant, outre cette inconnue α, deux autres quantités x et y
que nous ne pouvons pas non plus connaître *à priori*, et qui peuvent
changer à chaque instant, il s'ensuit que, pour déterminer α, il sera nécessaire d'employer les indications de trois thermomètres, et non pas celles
de deux seulement, comme on a coutume de le dire. En désignant par U,
U′, U″, les températures marquées par ces trois instruments, et par c,
c', c'', les mesures des pouvoirs absorbants de leurs surfaces, on conclura
de l'expression de U, appliquée à ces trois températures,

$$\alpha = \frac{c c'' U' (U - U'') + c' c U'' (U' - U) + c'' c' U(U'' - U')}{c c'' (U - U'') + c' c (U' - U) + c'' c' (U'' - U')};$$

formule indépendante de la quantité γ que contenait cette expression
de U. Pour s'en servir, il faudra connaître avec précision les rapports numériques des trois constantes c, c', c'', et mesurer dans chaque cas, aussi
exactement qu'on pourra, les trois températures U, U′, U″. Si le pouvoir
absorbant de l'un des trois thermomètres, de celui, par exemple, qui
marque la température U, est nul ou insensible, on aura $\alpha = U$, en négligeant les termes multipliés par c. Il en sera de même, sans que c soit peu
considérable, quand on aura rendu prépondérant le pouvoir refroidissant

de l'air, en agitant fortement le thermomètre; ce qui permettra de négliger δ par rapport à γ dans l'expression de U; mais ce procédé peut avoir l'inconvénient de développer de la chaleur, par la compression de l'air, et de changer sa température α que l'on veut évaluer. En joignant aux températures U, U', U", celle qui sera marquée, au même instant, par un quatrième thermomètre, et éliminant les quantités α et γ, on pourra déterminer les valeurs des inconnues x et y; et en répétant cette opération à différentes époques et dans des circonstances atmosphériques différentes, on saura si l'état de l'atmosphère influe effectivement sur ces deux derniers éléments.

Je terminerai ce mémoire par quelques réflexions sur la théorie même de la chaleur. Dans mon ouvrage, je n'ai point adopté celle qui attribue les phénomènes aux petites vibrations d'un fluide, parce que les raisonnements qu'on a pu faire, jusqu'à présent, pour l'établir et la justifier, sont trop vagues et trop peu concluants pour servir de base à l'analyse mathématique; tandis qu'au contraire les calculs fondés sur la théorie qui a précédé celle-là et que j'ai préférée, conduisent, par des déductions rigoureuses, à des résultats toujours conformes à l'observation. Cet accord remarquable entre le calcul et l'expérience, et la difficulté, dans la théorie des vibrations, d'expliquer les phénomènes de la chaleur, ceux-là même que l'on observe le plus communément, sont pour moi, je l'avoue, une difficulté contre la théorie des ondulations lumineuses; car la lumière et la chaleur présentant, sous bien des rapports, une si grande analogie, il semble naturel de les attribuer à des causes semblables, et de fonder leurs théories sur les mêmes principes. Ceux de la théorie de la chaleur peuvent être énoncés avec précision; ils sont renfermés dans ce qui suit.

Dans cette théorie, on attribue les phénomènes à un fluide impondérable, qui réside dans chaque corps en quantité variable, et dont les particules se repoussent mutuellement, avec une force qui décroît d'une manière très rapide, quand la distance augmente, et qui devient insensible à toute distance sensible. La quantité de ce fluide que l'on introduit dans un corps, ou que l'on en fait sortir, n'a rien d'arbitraire, et est mesurable d'après certains effets qu'elle produit; elle ne perd jamais sa puissance répulsive, lors même qu'après avoir été introduite dans ce corps, elle n'en fait pas changer la température, et s'appelle alors de la *chaleur latente*. Chaque molécule d'un corps quelconque est formée d'une matière pondérable et d'une portion de chaleur qui s'y trouve retenue par l'attraction réciproque de ces deux substances; deux molécules voisines s'attirent à raison de l'une de ces

deux matières, et se repoussent à cause de l'autre; et dans l'état d'équilibre
du corps, les distances de ses molécules sont telles que leurs actions réci-
proques se détruisent, non pas rigoureusement, mais à très peu près; car,
dans la nature, cet état consiste en des vibrations insensibles des molécules,
et n'est pas un repos absolu. Cela étant, il s'ensuit que toutes les actions
répulsives, exercées sur le calorique d'une molécule, par celui de toutes
les autres molécules comprises dans la sphère d'activité de celle-là, ont
une résultante qui n'est pas nulle, et qui varie continuellement en intensité
et en direction. Cette force détache aussi continuellement de la molécule
sur laquelle elle s'exerce, des particules de chaleur, qui sont ainsi lancées
en tous sens sous forme rayonnante, et ensuite absorbées, plus ou moins
rapidement, en vertu de l'attraction de la matière pondérable, par les molécules qu'elles viennent à rencontrer. Dans les gaz, l'absorption est très
lente; elle l'est moins dans les liquides; et dans l'intérieur des corps solides, on
suppose, en général, que le rayonnement ne s'étend qu'à des distances
très petites (1). Toutefois, ces distances ne sont point insensibles, et l'on ne
doit pas les confondre avec le rayon d'activité, incomparablement moindre,
de la répulsion calorifique. De cette émission et de cette absorption inces-
santes, il résulte un échange continuel de *chaleur rayonnante* entre les molécules de tous les corps, qui subsiste même à égalité de température, sans la
troubler quand elle a lieu, et qui finit toujours par la produire lorsque
cette égalité n'existait pas primitivement. Cet échange entre les molécules
d'un corps et celles d'un thermomètre, d'une masse insensible par rapport à la sienne, et placé dans son intérieur, a pour effet de dilater ou de
contracter l'instrument, jusqu'à ce qu'il soit devenu stationnaire; parvenu
à cet état, le thermomètre marque ce qu'on appelle la *température* du corps
que l'on considère. Si l'on introduit dans ce corps une nouvelle quantité
de chaleur, elle s'y distribue entre toutes ses molécules; ce qui augmente, à
distance égale, l'intensité de leur répulsion mutuelle, et par suite, les inter-
valles qui les séparent, lorsque ce corps a la liberté de se dilater. La force qui
détache incessamment des particules de chaleur, de chaque molécule de ce

---

(1) La chaleur émanée des corps dont la température est très élevée, traverse en partie le verre et d'autres corps diaphanes ou non diaphanes. On peut voir sur ce point les
mémoires de M. Melloni, et le rapport de M. Biot, inséré dans le tome XIV de l'Académie
des Sciences. A la rencontre d'un corps solide, la chaleur rayonnante est réfléchie sous
un angle égal à celui d'incidence, dans une proportion qui dépend de cet angle et de
l'état de la surface, et qui peut aussi varier avec la direction du plan d'incidence et de
réflexion, ce qui constitue la *polarisation* de la chaleur, analogue à celle de la lumière.

corps, et qui provient de la répulsion calorifique des molécules environ-
nantes, augmente avec cet accroissement du pouvoir répulsif; et d'un autre
côté, cette force diminue à raison de l'écartement des molécules, duquel
il résulte qu'un moindre nombre d'entre elles se trouve compris dans
la sphère d'activité de leur répulsion. En général, la cause d'augmentation
l'emporte sur l'autre; le rayonnement moléculaire s'accroît en conséquence,
et, par conséquent aussi, la température qui en est l'effet, produit sur le
thermomètre. Le contraire a lieu, lorsque l'on enlève de la chaleur à un
corps. Nous ignorons, dans ce cas, si la diminution de chaleur de ses molécules peut être assez grande pour qu'elles perdent entièrement, malgré
leur plus grand rapprochement, la faculté de faire rayonner chacune d'elles :
si cet état d'un corps, où il n'y aurait plus ni rayonnement, ni température, est possible, et qu'il y soit parvenu; ses molécules renfermeraient
toujours de la chaleur dont l'action répulsive s'opposerait à leur jonction,
et que l'on pourrait de nouveau en faire jaillir sous forme rayonnante,
en les rapprochant encore davantage, par une pression sur le corps exercée à sa surface. Les deux causes contraires de l'intensité du rayonnement,
savoir, l'augmentation de chaleur des molécules et leur écartement, se ba-
lancent dans le passage des corps, de l'état solide à l'état liquide, et de
l'état liquide à l'état de vapeur. Le rayonnement, et la température qu'il
détermine, n'éprouvent alors aucun changement; et la chaleur introduite
est une chaleur latente, dont les particules ont, néanmoins, conservé leur
force répulsive. Enfin, pour augmenter d'un degré la température d'un
corps, dans un état quelconque, il y faut introduire une quantité de chaleur différente, suivant que ses molécules sont plus ou moins resserrées, et
suivant que chacune d'elles retient le calorique avec plus ou moins de force,
ce qui empêche, aussi plus ou moins, l'action des molécules circonvoi-
sines, à nombre égal, de l'en détacher et de produire le rayonnement.
De là vient, l'inégalité des *chaleurs spécifiques*, soit d'une même matière à
différentes densités, soit des corps formés de diverses matières. On
conçoit aussi, pour un même corps, l'excès de sa chaleur spécifique, quand
il peut se dilater, sur celle qui a lieu à volume constant : pour un corps
solide, cet excès doit même être différent, selon que ce corps peut s'é-
tendre également en tous sens, et selon qu'il se dilate librement dans une
direction, tandis que ses molécules se rapprochent, ou demeurent aux
mêmes distances, suivant ses autres dimensions.

Parmi les nombreuses conséquences de cette théorie, qui sont le plus propres à la vérifier par leur accord avec l'observation, je citerai seulement la

proposition démontrée dans le second chapitre de mon ouvrage, et suivant laquelle le flux de chaleur à travers la surface d'un corps qui s'échauffe ou qui se refroidit dans le vide, a pour expression un produit de deux facteurs, dont l'un est le même pour tous les corps et ne dépend que de la température, et dont l'autre varie avec la matière de chaque corps et l'état de sa surface ; résultat qu'il serait, je crois, très difficile d'expliquer dans la théorie des vibrations, et qui coïncide avec la loi générale que MM. Dulong et Petit ont conclue de leurs expériences, qui leur ont fait connaître, en outre, la forme du premier facteur en fonction de la température.

Il y a aussi une déduction des théories de l'émission de la chaleur et de la lumière, qui s'accorde avec l'expérience, et qui ne semble pas avoir été remarquée. Si l'on admet, ce qui paraît naturel, que la répulsion de la chaleur s'exerce non-seulement sur cette matière elle-même, mais aussi sur la lumière ; l'effet de la quantité de chaleur contenue dans les molécules d'un corps diaphane, sera de diminuer, à égalité de distance, leur attraction sur les rayons lumineux qui les traversent, et par conséquent, la réfraction qu'ils y subissent ; d'où l'on conclut que si le corps est d'abord liquide, et qu'on le réduise en vapeur par l'addition d'une quantité considérable de chaleur, le rapport de la force réfractive de la vapeur à celle du liquide, devra être moindre que celui de leurs densités. C'est, en effet, ce que MM. Arago et Petit ont constaté sur les vapeurs de différents liquides (1), et dont il ne serait pas non plus facile de rendre raison, dans les théories des ondulations lumineuses et calorifiques.

---

(1) *Annales de Chimie et de Physique ;* tome Ier.

NOTES RELATIVES AU MÉMOIRE PRÉCÉDENT.

NOTE A.

La quantité de chaleur provenant du rayonnement de l'atmosphère, qui parvient à la surface de la Terre et qui la traverse, s'ajoute à la chaleur solaire, et influe sur la température de la Terre à une profondeur donnée. Les variations diurnes et annuelles qu'elle y produit se distinguent des inégalités dues à la chaleur solaire, par leurs amplitudes et par les époques de leurs *maxima;* à la distance de la surface du globe, où il ne subsiste que les inégalités dont la période comprend l'année entière, il peut donc exister deux inégalités de cette espèce; l'une provenant de la chaleur solaire, et l'autre de la chaleur atmosphérique. Or, à sept ou huit mètres de profondeur, on n'observe qu'une seule inégalité annuelle, c'est-à-dire un seul *maximum* et un seul *minimum* de température pendant l'année; l'une des deux inégalités possibles a donc une amplitude insensible; et l'on ne peut pas douter que ce ne soit celle qui proviendrait de la chaleur atmosphérique. J'ai donc pu n'avoir point égard à cette source de chaleur, dans le calcul des inégalités diurnes et annuelles de la température du globe. Je n'ai pas non plus tenu compte, dans ce calcul, des variations de température de la couche d'air en contact immédiat avec le sol, parce que les variations correspondantes qu'elles doivent produire dans les températures des points de la Terre, sont encore plus faibles que celles qui seraient dues à l'absorption d'une partie de la chaleur rayonnante de l'atmosphère; et, en effet, l'air étant un fluide de peu de densité, son pouvoir refroidissant est fort peu considérable, tandis qu'au contraire le pouvoir absorbant de la Terre est très grand, en général, à raison de l'état de sa superficie. En ayant donc seulement égard aux variations de la chaleur solaire, pendant le jour et pendant l'année, les formules que j'ai obtenues pour exprimer les lois de la température du globe près de sa surface, se sont accordées, d'une manière satisfaisante, avec les observations que j'ai pu me procurer. Toutefois, l'échange de chaleur rayonnante entre la Terre et les couches atmosphériques, influe sur la partie constante de cette température, c'est-à-dire sur la température moyenne à une profondeur donnée, et son effet est de la diminuer, comme on le verra dans la suite de ce mémoire.

Les variations de chaleur que l'atmosphère éprouve, et qui n'affectent pas sensiblement les températures des points de la Terre, sont, au contraire, très sensibles dans la température que marque un thermomètre exposé à l'air, à quelques mètres au-dessus du sol. Pour se rendre raison de cette différence, il faut observer que c'est dans la partie inférieure de l'atmosphère que ces variations sont les plus considérables, et que la densité du fluide est aussi la plus grande; or, l'expression de la quantité de chaleur rayonnante que l'atmosphère envoie, suivant une direction donnée, à un élément quelconque de surface, a pour facteur le cosinus de l'angle compris entre cette direction et la normale; toutes choses d'ailleurs égales, la quantité de chaleur atmosphérique qui parvient, dans toutes les directions, à un élément de la surface de la Terre, doit donc être beaucoup moindre et beaucoup moins variable, que celle qui est reçue par un élément de la surface thermométrique, éloigné du point où la normale est verticale; car, à raison du facteur dont il s'agit, ce sont les quantités de chaleur incidentes suivant les directions où l'épaisseur et la densité de l'atmosphère sont les plus grandes, et où la température éprouve les plus grandes variations, qui sont affaiblies dans le plus grand rapport à l'égard de la Terre, et dans le plus petit relativement au thermomètre; par conséquent, si l'on considère, sur la surface de la Terre, une portion égale à toute la surface de l'instrument, et si l'on suppose que le pouvoir absorbant soit le même pour les deux surfaces, les quantités de chaleur atmosphérique qui pénétreront, dans un temps donné, à travers l'une ou l'autre, seront aussi beaucoup moindres et beaucoup moins variables pour la Terre que pour le thermomètre.

Note B.

Par l'effet des inégalités de la chaleur de l'espace sur la route de notre système planétaire, il est possible que la couche extérieure du globe ait éprouvé des changements de température bien plus grands que ne le suppose l'exemple cité à la page 15 du mémoire, et qui se soient effectués en des nombres de siècles beaucoup moindres. Dans ces changements, la température a pu s'élever, si l'on veut, à 3 ou 4000 degrés, c'est-à-dire, au nombre de degrés nécessaire pour fondre toutes les matières qui composent la couche extérieure de la Terre; en sorte qu'il y ait eu effectivement, comme des géologues l'ont imaginé, une époque, maintenant très éloignée, où cette couche tout entière se trouvait à l'état de fusion. Pour cela, il suffit de concevoir:

1°. Qu'il existe des portions de l'espace dans lesquelles de très grands nombres de rayons stellaires viennent se croiser, et où la température soit, en conséquence, extrêmement élevée;

2°. Que leur étendue est telle, que la Terre, d'après la vitesse inconnue de son mouvement, a pu traverser l'une de ces zones torrides, en quelques milliers de siècles, c'est-à-dire en un nombre de siècles suffisant pour que sa couche extérieure, mais non pas sa masse entière, ait pris une température peu différente de celle de l'espace.

Une faible partie de cette chaleur excessive, mais passagère et due à une cause extérieure, pourrait encore subsister à l'époque actuelle, et produire, concurremment avec les variations plus lentes de la chaleur de l'espace, l'accroissement de température dans le sens de la profondeur que nous observons près de la surface du globe.

. Pour donner un exemple de cette circonstance, soit ζ la température de l'espace, dans le lieu où la Terre se trouve au bout d'un temps t écoulé depuis une époque déterminée; et supposons qu'on ait

$$\zeta = \mu + \lambda e^{\mp \frac{t}{\alpha}};$$

α désignant un intervalle de temps donné, e la base des logarithmes népériens, λ et μ des températures constantes dont la première sera supposée positive. On prendra dans l'exponentielle $e^{\mp \frac{t}{\alpha}}$, le signe supérieur ou le signe inférieur, selon que le temps t sera positif ou négatif; le *maximum* de ζ répondra à $t = 0$, et aura $\mu + \lambda$ pour valeur; de part et d'autre de ce *maximum*, la différence $\zeta - \mu$ décroîtra en progression géométrique, pour des valeurs de t croissantes par des différences égales; et lors même que λ s'élèverait à 3 ou 4000 degrés, la température ζ sera sensiblement stationnaire et égale à μ, avant et après l'époque de sa plus grande valeur, quand t surpassera, par exemple, dix ou douze fois l'intervalle de temps représenté par α.

En désignant par π le rapport de la circonférence au diamètre, on aura, d'après une formule connue,

5

$$e^{\mp \frac{t}{a}} = \frac{2\alpha}{\pi} \int_0^\infty \frac{\cos t\vartheta . d\vartheta}{1 + \alpha^2\vartheta^2},$$

et, par conséquent,

$$\zeta = \mu + \frac{2u\lambda}{\pi} \int_0^\infty \frac{\cos t\theta . d\vartheta}{1 + \alpha^2\vartheta^2}.$$

On pourra considérer cette expression de la température extérieure, comme une somme de termes croissants par des différences infiniment petites, et ordonnée suivant les cosinus d'arcs proportionnels à t, croissants aussi par de semblables différences. La formule (4) de la page 431 de mon ouvrage sera alors une expression de la même nature, dont on pourra changer la partie variable en une intégrale définie, et qui s'écrira sous la forme

$$u = \mu + \frac{2b\alpha\lambda}{\pi} \int_0^\infty \frac{\left[\left(b + \frac{1}{a}\sqrt{\frac{1}{2}\theta}\right)\cos\left(t\vartheta - \frac{x}{a}\sqrt{\frac{1}{2}\theta}\right) + \frac{1}{a}\sqrt{\frac{1}{2}\theta}\sin\left(t\theta - \frac{x}{a}\sqrt{\frac{1}{2}\theta}\right)\right]e^{-\frac{x}{a}\sqrt{\frac{1}{2}\theta}}\,d\vartheta}{\left(b^2 + \frac{b\sqrt{2\theta}}{a} + \frac{\theta}{a^2}\right)(1 + \alpha^2\vartheta^2)}.$$

Elle exprimera la température u du globe, relative à la température ζ de l'espace au bout du temps t, positif ou négatif, et correspondante à la profondeur x, supposée très petite par rapport au rayon de la Terre. Les constantes a et b qu'elle renferme sont les mêmes quantités que dans le mémoire. D'après ce qu'elles représentent, $a\sqrt{t}$ est une ligne, et bx un nombre abstrait, ou b un tel nombre divisé par une ligne. Nous prendrons pour unités de longueur et de temps, le mètre et l'année. Si les valeurs de a et b sont celles qui ont lieu à l'Observatoire de Paris, on aura, à peu près, $a = 5$ et $b = 1$.

Cela posé, appelons U la valeur de u à l'époque du *maximum* de température de l'espace, ou relative à $t = 0$; nous aurons

$$U = \mu + \frac{2b\alpha\lambda}{\pi} \int_0^\infty \frac{\left[\left(b + \frac{1}{a}\sqrt{\frac{1}{2}\theta}\right)\cos\frac{x}{a}\sqrt{\frac{1}{2}\theta} - \frac{1}{a}\sqrt{\frac{1}{2}\theta}\sin\frac{x}{a}\sqrt{\frac{1}{2}\theta}\right]e^{-\frac{x}{a}\sqrt{\frac{1}{2}\theta}}\,d\theta}{\left(b^2 + \frac{b\sqrt{2\theta}}{a} + \frac{\theta}{a^2}\right)(1 + \alpha^2\theta^2)}.$$

Soient aussi h et h' les valeurs de $u - \zeta$ et $\frac{du}{dx}$, qui répondent à la même époque et à $x = 0$; on aura

$$h = \frac{2\alpha\lambda}{\pi} \left[\int_0^\infty \frac{\left(b^2 + \frac{b}{a}\sqrt{\frac{1}{2}\theta}\right) d\theta}{\left(b^2 + \frac{b\sqrt{2\theta}}{a} + \frac{\theta}{a^2}\right)(1 + \alpha^2\theta^2)} - \int_0^\infty \frac{d\theta}{1 + \alpha^2\theta^2} \right],$$

$$h' = -\frac{2b\alpha\lambda}{\pi} \int_0^\infty \frac{\frac{1}{a}\sqrt{\frac{1}{2}\theta}\left(b + \frac{1}{a}\sqrt{2\theta}\right) d\theta}{\left(b^2 + \frac{b\sqrt{2\theta}}{a} + \frac{\theta}{a^2}\right)(1 + \alpha^2\theta^2)} ;$$

h exprimera l'excès de la température du globe à sa surface, sur la température extérieure, et h' l'accroissement positif ou négatif de U, qui répond à chaque mètre d'augmentation dans la profondeur ; et comme la différence des deux intégrales que h renferme est égale et de signe contraire à l'intégrale contenue dans h', on en conclura

$$h' = bh ;$$

ce qui est conforme à l'équation générale, citée à la page 16 du mémoire.

Pour effectuer la première intégration indiquée dans l'expression de h, je fais

$$\theta = 2b^2 a^2 y^2, \quad d\theta = 4b^2 a^2 y\, dy ;$$

les limites relatives à la nouvelle variable y seront toujours $y = 0$ et $y = \infty$; en remplaçant la seconde intégrale par sa valeur $\frac{\pi}{2\alpha}$, et faisant, pour abréger,

$$\alpha b^2 a^2 = \mathfrak{c}^2,$$

il en résultera

$$h = -\lambda + \frac{8\lambda\mathfrak{c}^2}{\pi} \int_0^\infty \frac{(1+y)y\, dy}{(1 + 2y + 2y^2)(1 + 4\mathfrak{c}^4 y^4)},$$

ou, ce qui est la même chose,

$$h = -\lambda + \frac{4\lambda\mathfrak{c}^2}{\pi} \int_0^\infty \frac{dy}{1 + 4\mathfrak{c}^4 y^4} - \frac{2\lambda\mathfrak{c}^2}{\pi} \int_0^\infty \frac{dy}{(\frac{1}{2} + y + y^2)(1 + 4\mathfrak{c}^4 y^4)}.$$

On a identiquement

$$\frac{(1 - \mathfrak{c}^4)}{(\frac{1}{2} + y + y^2)(1 + 4\mathfrak{c}^4 y^4)} = \frac{1}{\frac{1}{2} + y + y^2} - \frac{4\mathfrak{c}^4(\frac{1}{2} - y + y^2)}{1 + 4\mathfrak{c}^4 y^4} ;$$

par les règles ordinaires, on trouve

5..

$$\int_0^\infty \frac{dy}{\tfrac{1}{2}+y+y^2} = \frac{1}{2}\pi, \quad \int_0^\infty \frac{c^2 y\,dy}{1+4c^4 y^4} = \frac{1}{8}\pi,$$

$$\int_0^\infty \frac{c^3 y^2\,dy}{1+4c^4 y^4} = \frac{1}{8}\pi, \quad \int_0^\infty \frac{c\,dy}{1+4c^4 y^4} = \frac{1}{4}\pi;$$

et de ces diverses valeurs, il résulte finalement

$$h = -\frac{\lambda}{1+c}, \quad h' = -\frac{b\lambda}{1+c}.$$

L'excès de la température du globe à sa surface, sur la température de l'espace à l'époque du *maximum* de celle-ci, était donc négatif, et la chaleur de la Terre décroissait à partir de sa superficie; ce qui montre que sa couche extérieure n'avait pas eu le temps de prendre toute la température extérieure. D'après ce que c représente, la différence h diminue, abstraction faite du signe, à mesure que l'intervalle de temps α sera supposé plus grand, c'est-à-dire à mesure que la Terre aura employé plus de temps à traverser la zone échauffée de l'espace. En prenant, par exemple, $\alpha = 1000$, $a = 5$, $b = 1$, cette différence h ne sera pas un 150e de λ, c'est-à-dire qu'elle sera un peu au-dessous de 20 degrés, si λ s'élève à 3000 degrés.

On peut facilement déterminer des limites de U qui montrent que quand la profondeur x est un multiple considérable de $a\sqrt{\alpha}$, sans cesser néanmoins d'être très petite par rapport au rayon du globe, la différence $U-\mu$ devient une très petite partie de λ, et finit bientôt par disparaître. En effet, si nous faisons

$$\theta = \frac{2a^2 z^2}{x^2}, \quad d\theta = \frac{4a^2 z}{x^2}\,dz,$$

nous aurons

$$U = \mu + \frac{8a^2 b\alpha\lambda}{\pi x^2}\int_0^\infty \frac{\left[\left(b+\dfrac{z}{x}\right)\cos z - \dfrac{z}{x}\sin z\right]e^{-z}z\,dz}{\left(b^2+\dfrac{2bz}{x}+\dfrac{2z^2}{x^2}\right)\left(1+\dfrac{4a^4\alpha^2 z^4}{x^4}\right)};$$

or, il est aisé de voir que le coefficient de $e^{-z}z\,dz$ sous le signe $\int$, ne peut excéder l'unité, abstraction faite du signe; l'intégrale contenue dans la valeur de U, est donc comprise entre $\pm\int_0^\infty e^{-z}z\,dz$, ou entre ± 1; et, par conséquent, la différence $U-\mu$ est aussi comprise entre les limites $\pm \frac{8a^2 b a \lambda}{\pi x^2}$. D'après les données précédentes, et en supposant la profondeur x égale à 12000 mètres, la température U ne différera de μ, en plus ou en moins, que d'une fraction de λ, moindre que $\frac{4}{9000}$, c'est-à-dire, de moins de $\frac{4}{3}$ de degré seulement, si λ est de 3000 degrés. Je ferai remarquer qu'en développant suivant les puissances descendantes de x, l'intégrale que la formule précédente renferme, on obtient une série de termes dont chacun se réduit à zéro; ce qui signifie que cette intégrale, comme les exponentielles et beaucoup d'autres fonctions, n'est pas susceptible d'un semblable développement.

Au bout d'un temps t quelconque, si l'on désigne par k l'excès de la température de la Terre à sa surface, sur la température correspondante de l'espace, c'est-à-dire la valeur de $u - \zeta$ qui répond à $x = 0$, on aura

$$k = \frac{2\alpha\lambda}{\pi} \int_0^\infty \frac{\left[\frac{b}{a} \sqrt{\frac{1}{2}}\,\theta \sin t\theta - \left(\frac{b}{a} \sqrt{\frac{1}{2}}\,\theta + \frac{\theta}{a^2} \right) \cos t\theta \right] d\theta}{\left(b^2 + \frac{b\sqrt{2\theta}}{a} + \frac{\theta}{a^2} \right)(1 + \alpha^2\theta^2)}.$$

Cette intégrale ne peut pas s'exprimer sous forme finie; mais on obtiendra, de la manière suivante, une limite de la valeur de k, indépendante de t.

J'observe que le numérateur du coefficient de $d\theta$ sous le signe $\int$ est toujours moindre que la somme des quantités $\frac{b}{a} \sqrt{\frac{1}{2}}\,\theta$ et $\frac{b}{a} \sqrt{\frac{1}{2}}\,\theta + \frac{\theta}{a^2}$; le dénominateur étant toujours positif, on aura donc, en grandeur absolue,

$$k < \frac{2\alpha\lambda}{\pi} \int_0^\infty \frac{\left(\frac{b\sqrt{2\theta}}{a} + \frac{\theta}{a^2} \right) d\theta}{\left(b^2 + \frac{b\sqrt{2\theta}}{a} + \frac{\theta}{a^2} \right)(1 + \alpha^2\theta^2)};$$

et si l'on fait, comme plus haut,

$$\alpha a^2 b^2 = C^2, \quad \theta = 2a^2 b^2 y^2, \quad d\theta = 4a^2 b^2 y\, dy,$$

cette inégalité deviendra

$$k < \lambda \left[1 - \frac{4C^2}{\pi} \int_0^\infty \frac{y\, dy}{(\tfrac{1}{2} + y + y^2)(1 + 4C^4 y^4)} \right].$$

Mais on a identiquement

$$\frac{2\,(1 - C^4)\,y}{(\frac{1}{2} + y + y^2)\,(1 + 4C^4 y^4)} = \frac{1 + 2y}{\frac{1}{2} + y + y^2} - \frac{i}{\frac{1}{2} + y + y^2} - \frac{8C^4\,(\frac{1}{2} - y)\,y}{1 - 4C^4 y^4} - \frac{8C^4 y^3}{1 + 4C^4 y^4};$$

on a aussi

$$\int \frac{(1 + 2y)\,dy}{\frac{1}{2} + y + y^2} - \int \frac{8C^4 y^3\,dy}{1 + 4C^4 y^4} = \log \frac{\frac{1}{2} + y + y^2}{\sqrt{1 + 4C^4 y^4}} + \text{const.};$$

en passant aux intégrales définies, dont les limites sont $y = 0$ et $y = \infty$, la différence de ces deux dernières intégrales aura — $\log C^2$ pour valeur; et d'après les valeurs des autres intégrales définies, que nous avons déjà employées, il en résultera

$$k < \lambda \left[1 + \frac{C^2}{1 - C^4} \left(\frac{2}{\pi} \log C^2 + C^2 + 1 - 2C \right) \right].$$

Si C est un nombre considérable, cette inégalité se réduira, à très peu près, à $k < \frac{2\lambda}{C}$; et en prenant, comme précédemment, $a = 5$, $b = 1$, $\alpha = 1000$, on en conclura que la différence entre les températures de l'espace et de la surface du globe, n'aura jamais excédé un 75e de λ.

Ces différents résultats, relatifs aux températures de la couche extérieure de la Terre, sont fondés sur la supposition que la chaleur spécifique et la conductibilité calorifique de sa matière, ainsi que le pouvoir rayonnant de sa superficie, sont indépendants de son degré de chaleur; ce qui rend constantes les deux quántités a et b. Or, cette supposition n'a plus lieu dans le cas des hautes températures; les formules précédentes ne suffiraient donc pas s'il s'agissait de calculer précisément le degré de chaleur que la Terre atteindra, en traversant une zone de l'espace dont la température est extrêmement élevée; mais l'application que nous venons d'en faire n'est cependant pas inutile, pour mettre en évidence la marche du phénomène, et montrer comment le globe prendra une température qui différera plus ou moins, à la surface, de celle de l'espace, et qui s'étendra dans la couche extérieure, en décroissant aussi plus ou moins rapidement, selon que la Terre emploiera un temps plus ou moins considérable à traverser cette portion de l'espace.

Maintenant, considérons la valeur de u qui aura lieu à une profondeur quelconque x, et au bout d'un temps extrèmement long, écoulé depuis l'époque du *maximum* de ζ, c'est-à-dire au bout d'un temps t positif et qui sera un très grand multiple de α. Pour une pareille valeur de t, la température extérieure ζ sera devenue stationnaire et égale à μ; si donc on appelle v l'excès de u sur la température de l'espace, au lieu où la Terre se trouve au bout de ce temps t, on aura $v = u - \mu$; et si l'on fait, en outre,

$$\theta = \frac{2z^2}{t}, \quad d\theta = \frac{4z\,dz}{t},$$

il en résultera

$$v = \frac{8b a \lambda}{\pi t} \int_0^\infty \frac{\left[\left(b + \frac{z}{a\sqrt{t}}\right)\cos\left(2z^2 - \frac{xz}{a\sqrt{t}}\right) + \frac{z}{a\sqrt{t}}\sin\left(2z^2 - \frac{xz}{a\sqrt{t}}\right)\right] e^{-\frac{xz}{a\sqrt{t}}} z\,dz}{\left(b^2 + \frac{2bz}{a\sqrt{t}} + \frac{2z^2}{a^2 t}\right)\left(1 + \frac{4a^2 z^2}{t}\right)}.$$

Or, par le développement suivant les puissances descendantes de t, sous le signe $\int$, et en dehors du sinus, du cosinus et de l'exponentielle, il en résultera pour la valeur de v une série très convergente dans ses premiers termes; et en négligeant les termes qui seront divisés par le carré ou les puissances supérieures de t, on aura

$$v = \frac{8a\lambda}{\pi t} \int_0^\infty \cos\left(2z^2 - \frac{xz}{a\sqrt{t}}\right) e^{-\frac{xz}{a\sqrt{t}}} z\,dz$$

$$+ \frac{8a\lambda}{\pi b a t \sqrt{t}} \int_0^\infty \left[\sin\left(2z^2 - \frac{xz}{a\sqrt{t}}\right) - \cos\left(2z^2 - \frac{xz}{a\sqrt{t}}\right)\right] e^{-\frac{xz}{a\sqrt{t}}} z^2\,dz.$$

en sorte qu'il ne restera plus qu'à déterminer les valeurs de ces deux intégrales relatives à z, à quoi l'on parviendra, comme on va le voir, par la considération des exponentielles imaginaires.

On aura, en premier lieu,

$$\int_0^\infty e^{2z^2\sqrt{-1} - \frac{xz}{a\sqrt{t}}(1+\sqrt{-1})}\,dz = e^{-\frac{x^2}{4a^2 t}} \int_0^\infty e^{-\left[z(1-\sqrt{-1}) + \frac{x\sqrt{-1}}{2a\sqrt{t}}\right]^2}\,dz.$$

En faisant

$$z(1-\sqrt{-1}) + \frac{x\sqrt{-1}}{2a\sqrt{t}} = y, \quad dz = \frac{dy}{1-\sqrt{-1}},$$

et, pour abréger,

$$\frac{x\sqrt{-1}}{a\sqrt{t}} = x_{\prime},$$

les limites de l'intégrale relative à y, qui répondent à $z = 0$ et $z = \infty$, seront

$y = x_,$ et $y = \infty$; de plus, on pourra prendre d'abord cette intégrale depuis $y = 0$ jusqu'à $y = \infty$, puis en retrancher la même intégrale prise depuis $y = 0$ jusqu'à $y = x_,$; par conséquent, il en résultera

$$\int_0^\infty e^{2z^2\sqrt{-1}-\frac{xz}{a\sqrt{t}}(1+\sqrt{-1})}\,dz = \frac{e^{-\frac{x^2}{4a^2t}}}{1-\sqrt{-1}}\left(\int_0^\infty e^{-y^2}\,dy - \int_0^{x_,}e^{-y^2}\,dy\right).$$

En observant qu'on a

$$\int_0^\infty e^{-y^2}\,dy = \frac{1}{2}\sqrt{\pi}, \quad \frac{d.}{dx}\int_0^{x_,}e^{-y^2}\,dy = \frac{dx_,}{dx}\,e^{-x_,^2} = \frac{\sqrt{-1}}{2a\sqrt{t}}\,e^{\frac{x^2}{4a^2t}};$$

différentiant l'équation précédente une première et une seconde fois par rapport à x, et réduisant, on aura

$$\int_0^\infty e^{2z^2\sqrt{-1}-\frac{xz}{a\sqrt{t}}(1+\sqrt{-1})}\,z\,dz = \frac{xe^{-\frac{x^2}{4a^2t}}}{4a\sqrt{t}}\left(\frac{1}{2}\sqrt{\pi}-\int_0^{x_,}e^{-y^2}\,dy\right)+\frac{\sqrt{-1}}{4},$$

$$\int_0^\infty e^{2z^2\sqrt{-1}-\frac{xz}{a\sqrt{t}}(1+\sqrt{-1})}\,z^2\,dz = \frac{1}{16}(1+\sqrt{-1})\frac{x}{a\sqrt{t}}$$

$$-\frac{1}{8}\left(1-\frac{x^2}{2a^2t}\right)\left(1-\sqrt{-1}\right)\left(\frac{1}{2}\sqrt{\pi}-\int_0^{x_,}e^{-y^2}\,dy\right)e^{-\frac{x^2}{4a^2t}}.$$

Faisons encore

$$y = x_,y_,,\quad dy = x_,dy_,;$$

les limites relatives à $y_,$, qui répondent à $y = 0$ et $y = x_,$, seront $y_, = 0$ et $y_, = 1$; et d'après ce que $x_,$ représente, nous aurons

$$\int_0^{x_,}e^{-y^2}\,dy = \frac{x\sqrt{-1}}{2a\sqrt{t}}\int_0^1 e^{\frac{x^2y_,^2}{4a^2t}}\,dy_,.$$

Cela étant, si l'on prend successivement $\sqrt{-1}$ avec le signe $+$ et avec le signe $-$, dans les deux dernières intégrales relatives à z et dans leurs valeurs, et si l'on fait disparaître les exponentielles imaginaires, au moyen de leurs expressions en sinus et cosinus d'arcs réels, on en déduira

$$\int_0^\infty \cos\left(2z^2-\frac{xz}{a\sqrt{t}}\right)e^{-\frac{xz}{a\sqrt{t}}}\,z\,dz = \frac{x\sqrt{\pi}}{8a\sqrt{t}}\,e^{-\frac{x^2}{4a^2t}},$$

$$\int_0^\infty \cos\left(2z^3 - \frac{xz}{a\sqrt{t}}\right) e^{-\frac{xz}{a\sqrt{t}}} z^3 dz = \frac{1}{16} \frac{x}{a\sqrt{t}}$$

$$+ \frac{1}{16}\left(1 - \frac{x^2}{2a^2 t}\right)\left(\frac{x}{a\sqrt{t}} \int_0^1 e^{\frac{x^2 y^2}{4a^2 t}} dy - \sqrt{\pi}\right) e^{-\frac{x^2}{4a^2 t}},$$

$$\int_0^\infty \sin\left(2z^2 - \frac{xz}{a\sqrt{t}}\right) e^{-\frac{xz}{a\sqrt{t}}} z dz = \frac{1}{16} \frac{x}{a\sqrt{t}}$$

$$+ \frac{1}{16}\left(1 - \frac{x^2}{2a^2 t}\right)\left(\frac{x}{a\sqrt{t}} \int_0^1 e^{\frac{x^2 y^2}{4a^2 t}} dy + \sqrt{\pi}\right) e^{-\frac{x^2}{4a^2 t}}.$$

Ces deux dernières formules renferment encore l'intégrale relative à y, que l'on ne peut pas obtenir sous forme finie; mais elle disparaît dans leur différence; et en retranchant l'une de l'autre, il vient

$$\int_0^\infty \left[\sin\left(2z^3 - \frac{xz}{a\sqrt{t}}\right) - \cos\left(2z^3 - \frac{xz}{a\sqrt{t}}\right)\right] e^{-\frac{xz}{a\sqrt{t}}} z^3 dz = \frac{\sqrt{\pi}}{8}\left(1 - \frac{x^2}{2a^2 t}\right) e^{-\frac{x^2}{4a^2 t}};$$

ce qui, joint à la première des trois équations précédentes, fait connaître les valeurs des intégrales contenues dans l'expression de v et qu'il s'agissait de déterminer.

De cette manière, nous aurons

$$v = \frac{\alpha\lambda}{at\sqrt{\pi t}}\left[x + \frac{1}{b}\left(1 - \frac{x^2}{2a^2 t}\right)\right] e^{-\frac{x^2}{4a^2 t}}.$$

Près de la surface, et tant que la profondeur x sera très petite par rapport à $a\sqrt{t}$, il en résultera

$$v = l + gx,$$

comme à la page 16 du mémoire. Les quantités l et g ont alors pour valeurs

$$l = \frac{\alpha\lambda}{bat\sqrt{\pi t}}, \quad g = \frac{\alpha\lambda}{at\sqrt{\pi t}};$$

elles satisfont à l'équation $l = gb$, citée à la même page; ce qui peut servir de vérification à nos calculs. Elles varient, comme on voit, en raison inverse de la puissance $\frac{3}{2}$ du temps; la première est l'excès de la température du globe à sa surface même, sur la température de l'espace au lieu qu'il occupe; la seconde est l'accroissement de température de sa couche extérieure, correspondant à chaque mètre d'augmentation dans la

6

profondeur. Si nous supposons, par exemple,

$$a = 5, \quad \frac{l}{\alpha} = 40, \quad \lambda = 4000^\circ, \quad t = 100000,$$

nous aurons

$$g = 0^\circ,0357;$$

ce qui différerait très peu de l'accroissement que l'on observe à Paris; et si la constante b est à peu près l'unité, la valeur de l serait aussi très peu différente de celle qui a lieu dans cette localité.

Mais l'accroissement de v cessera d'être sensiblement proportionnel à la profondeur, lorsque le rapport $\dfrac{x}{a\sqrt{t}}$ ne sera plus une très petite fraction. En conservant les données précédentes, si l'on fait $x = 1000^m$, et qu'on suppose $b = 1$, on aura $v = 32^\circ$, au lieu de $v = 36^\circ$, qui aurait lieu si l'accroissement de température était uniforme. L'équation $\dfrac{dv}{dx} = 0$, qui détermine le *maximum* de v, se réduit à

$$\left(1 - \frac{x^2}{2a^2 t}\right)\left(1 - \frac{x}{2ba^2 t}\right) = \frac{x}{ba^2 t};$$

et si b n'est pas une très petite fraction, on en déduit

$$x = a\sqrt{2t}, \quad v = \frac{a\lambda\sqrt{2}}{t\sqrt{\pi e}},$$

pour la profondeur à laquelle il a lieu, et pour la grandeur de ce *maximum*. En employant toujours les données précédentes, ces quantités seraient (*)

$$x = 2236^m, \quad v = 48^\circ,39.$$

Ainsi, il résulte de ces calculs que si la Terre a traversé, il y a cent mille ans, une zone de l'espace dont la température excédait de 4000° celle qui existe actuellement, et si cet excès, au lieu que la Terre a occupé successivement avant et après l'époque du *maximum*, diminuait suivant une progression géométrique, dont le rapport est la fraction $\frac{1}{e}$ pour chaque intervalle de temps égal au 40e de mille siècles, ou à 2500 ans, ce qui réduisait ce même excès à près de un degré, quand la Terre s'était éloignée pendant vingt mille ans du lieu de ce maximum; il en résulte, disons-nous, que la couche extérieure du globe aura pris à cette époque, éloignée de mille siècles de la nôtre, une température peu différente de celle de l'espace, qui aura pu suffire à la

---

(*) *Voyez* plus loin l'addition à cette note.

fusion de toutes les matières voisines de sa superficie; que cette chaleur, en décroissant continuellement à partir de la surface, n'aura pénétré que jusqu'à une profondeur peu considérable, eu égard au rayon de la Terre; et que depuis l'époque dont il s'agit, elle se sera dissipée au dehors en presque totalité, mais en diminuant beaucoup moins rapidement que la température de l'espace, de telle sorte que celle-ci soit depuis long-temps stationnaire, tandis que la couche extérieure du globe conserverait encore aujourd'hui une température variable, très faible à la surface et croissante jusqu'à une certaine limite dans le sens de la profondeur. Il faudrait qu'il s'écoulât encore 100000 ans, ou que le temps t qui entre dans les valeurs de l et g fût devenu double, pour que ces quantités fussent réduites à peu près au tiers de ce qu'elles sont maintenant; et ce ne serait que dans des millions d'années qu'il ne resterait plus aucune trace, dans la couche extérieure du globe, de la chaleur excessive qu'elle aurait éprouvée autrefois.

Dans l'exemple que nous venons de considérer, il est évident que la température de cette couche extérieure n'a dû varier, d'une manière sensible, à raison de la température extérieure ζ, que quand la Terre a eu atteint la zone de l'espace où l'expression de ζ commençait à surpasser sensiblement sa partie constante μ. Il s'ensuit donc que si l'on donne à t, dans l'expression de u, une valeur négative et qui soit un très grand multiple de α, cette température u devra être sensiblement constante; et c'est, en effet, ce que nous pouvons vérifier.

Pour cela, soit t' un temps positif et très grand multiple de α, et supposons qu'on ait $t = -t'$. Si nous faisons

$$\theta = \frac{2z^2}{t'}, \quad d\theta = \frac{4z\,dz}{t'},$$

les limites relatives à la nouvelle variable z seront $z = 0$ et $z = \infty$; et si nous développons suivant les puissances descendantes de t', les coefficients du sinus, du cosinus et de l'exponentielle, l'expression de u deviendra

$$u = \mu + \frac{8\alpha\lambda}{\pi t'} \int_0^\infty \cos\left(2z^2 + \frac{xz}{a\sqrt{t'}}\right) e^{-\frac{xz}{a\sqrt{t'}}} z\,dz$$

$$- \frac{8\alpha\lambda}{\pi b a t' \sqrt{t'}} \int_0^\infty \left[\sin\left(2z^2 + \frac{xz}{a\sqrt{t'}}\right) + \cos\left(2z^2 + \frac{xz}{a\sqrt{t'}}\right)\right] e^{-\frac{xz}{a\sqrt{t'}}} z^2\,dz.$$

en négligeant les termes qui auraient pour diviseur le carré ou une puissance supérieure de t'. Or, nous allons faire voir que cette formule se réduit à sa partie constante μ; en sorte qu'au degré d'approximation où nous nous arrêtons, la partie variable qui subsisterait dans l'expression de la température relative à une très grande valeur positive du temps, disparaît dans celle qui répond à une très grande valeur négative.

En effet, soit

$$\frac{x}{a\sqrt{t'}} = x';$$

on trouvera d'abord, par un calcul semblable à celui qu'on a développé plus haut,

$$\int_0^\infty e^{2z^2\sqrt{-1} - \frac{xz}{a\sqrt{t'}}(1-\sqrt{-1})}\, z\,dz = \frac{x e^{\frac{x^2}{4a^2t'}}}{4\sqrt{-1}.a\sqrt{t'}} \int_{x'}^\infty e^{-y^2}\, dy + \frac{\sqrt{-1}}{4},$$

$$\int_0^\infty e^{2z^2\sqrt{-1} - \frac{xz}{a\sqrt{t'}}(1-\sqrt{-1})}\, z^2\,dz = \frac{x}{8a\sqrt{t'}}(1-\sqrt{-1})$$

$$-\frac{1}{8}(1-\sqrt{-1})\left(1+\frac{x^2}{2a^2t'}\right) e^{\frac{x^2}{4a^2t'}} \int_{x'}^\infty e^{-y^2}\, dy;$$

d'où l'on déduira ensuite

$$\int_0^\infty \cos\left(2z^2+\frac{xz}{a\sqrt{t'}}\right) e^{-\frac{xz}{a\sqrt{t'}}}\, z\,dz = 0,$$

$$\int_0^\infty \cos\left(2z^2+\frac{xz}{a\sqrt{t'}}\right) e^{-\frac{xz}{a\sqrt{t'}}}\, z^2\,dz = \frac{x}{8a\sqrt{t'}} - \frac{1}{8}\left(1+\frac{x^2}{2a^2t'}\right) e^{\frac{x^2}{4a^2t'}} \int_{x'}^\infty e^{-y^2}\, dy,$$

$$\int_0^\infty \sin\left(2z^2+\frac{xz}{a\sqrt{t'}}\right) e^{-\frac{xz}{a\sqrt{t'}}}\, z^2\,dz = -\frac{x}{8a\sqrt{t'}} + \frac{1}{8}\left(1+\frac{x^2}{2a^2t'}\right) e^{\frac{x^2}{4a^2t'}} \int_{x'}^\infty e^{-y^2}\, dy;$$

et d'après ces valeurs, celle de u se réduit à $u = \mu$, comme on se proposait de le prouver.

A cause de l'exponentielle contenue sous le signe $\int$ dans ces deux dernières intégrales, elles doivent être nulles pour $x = \infty$. Leurs expressions satisfont, en effet, à cette condition; car, d'après une série connue, on a

$$\int_{x'}^\infty e^{-y^2}\, dy = \left(1 - \frac{1}{2x'^2} + \frac{1.3}{2^2x'^4} - \frac{1.3.5}{2^3x'^6} + \text{etc.}\right)\frac{e^{-x'^2}}{2x'};$$

et d'après ce que x' représente, si l'on substitue cette valeur dans les formules précédentes, elles se changent en des séries qui ne contiennent que des puissances négatives de x, et qui s'évanouissent, en conséquence, quand on y fait $x = \infty$.

Dans l'expression de ν relative à une très grande valeur de t, positive ou négative, nous avons réduit sous le signe $\int$, les diviseurs $b^* + \frac{b}{a}\sqrt{2\theta} + \frac{\theta}{a^2}$ et $1 + 4\alpha^2\theta^2$, à b^* et à l'unité, après y avoir mis à la place de θ une autre variable divisée par $\pm t$. Mais, 2α étant aussi un grand nombre, on pourrait craindre que la réduction de $1 + 4\alpha^2\theta^2$ à l'unité ne changeât notablement la valeur de l'intégrale. Or, on peut facilement s'assurer que, par-là, cette intégrale est à peine diminuée d'un centième de sa valeur, quand on prend, comme précédemment, un vingtième pour la fraction $\frac{2\alpha}{t}$.

En effet, en réduisant seulement le premier diviseur à b^*, et appelant T l'intégrale relative à θ, son expression sera de la forme

$$T = \int_0^\infty \frac{(P\cos t\theta + Q\sin t\theta)d\theta}{1 + 4\alpha^2\theta^2},$$

où l'on désigne par P et Q des fonctions de θ qui ne contiennent pas le temps t. Cela étant, faisons

$$T' = \int_0^\infty (P\cos t\theta + Q\sin t\theta)d\theta;$$

en différentiant $2n$ fois de suite, par rapport à t, il vient

$$\frac{d^{2n}T'}{dt^2} = (-1)^n \int_0^\infty (P\cos t\theta + Q\sin t\theta)\theta^{2n}d\theta;$$

donc, à cause de

$$\frac{1}{1 + 4\alpha^2\theta^2} = 1 - 2^2\alpha^2\theta^2 + 2^4\alpha^4\theta^4 - 2^6\alpha^6\theta^6 + \text{etc.},$$

il en résultera

$$T = T' + 2^2\alpha^2 \frac{d^2T'}{dt^2} + 2^4\alpha^4 t^4 \frac{d^4T'}{dt^4} + \text{etc.}$$

D'ailleurs, si l'on représente par R une quantité indépendante de t, on a

$$T' = R t^{-\frac{3}{2}},$$

pour la valeur approchée de T', à laquelle on s'est arrêté; au moyen de quoi la valeur précédente de T devient

$$T = T'\left(1 + 1.3.5.\frac{\alpha^2}{t^2} + 1.3.5.7.9.\frac{\alpha^4}{t^4} + \text{etc.}\right);$$

et quand on fait $\frac{a}{t} = \frac{1}{40}$, la quantité comprise entre les parenthèses est une série très convergente dans ses premiers termes, dont la valeur numérique excède l'unité d'à peu près un centième.

***

Note C.

Soit u la température d'un point quelconque M de la Terre, provenant de sa chaleur d'origine, au bout d'un temps t écoulé depuis l'époque de son état initial. Supposons constante, la température extérieure; prenons-la pour le zéro de l'échelle thermométrique; et considérons la Terre comme une sphère homogène, dont la surface a partout le même pouvoir rayonnant. La valeur de u, en fonction de t et des trois coordonnées de **M**, aura pour expression cette série à double entrée :

$$u = \mathrm{R}e^{-\frac{a^2\lambda^2 t}{l^2}} + \mathrm{R}_1 e^{-\frac{a^2\lambda^2_1 t}{l^2}} + \mathrm{R}_2 e^{-\frac{a^2\lambda^2_2 t}{l^2}} + \text{etc.}$$
$$+ \mathrm{R}'e^{-\frac{a^2\lambda'^2 t}{l^2}} + \mathrm{R}'_1 e^{-\frac{a^2\lambda'^2_1 t}{l^2}} + \mathrm{R}'_2 e^{-\frac{a^2\lambda'^2_2 t}{l^2}} + \text{etc.}$$
$$+ \mathrm{R}''e^{-\frac{a^2\lambda''^2 t}{l^2}} + \mathrm{R}''_1 e^{-\frac{a^2\lambda''^2_1 t}{l^2}} + \mathrm{R}''_2 e^{-\frac{a^2\lambda''^2_2 t}{l^2}} + \text{etc.}$$
$$+ \text{etc.}$$

Le rayon du globe est représenté par l; les constantes a et b étant les mêmes que dans le mémoire, $a\sqrt{t}$ est une ligne, et bl un nombre abstrait qu'on désignera par $\mathscr{C}$; les quantités λ, λ_1, etc; λ', λ'_1, etc.; etc., sont aussi des nombres abstraits dont les valeurs sont toutes réelles. Dans la $n^{\text{ième}}$ ligne horizontale, les quantités $\lambda^{(n)}$, $\lambda^{(n)}_1$, $\lambda^{(n)}_2$, etc., sont les racines positives d'une équation transcendante $\mathrm{L} = 0$, qui contient $\mathscr{C}$ et l'indice n; le coefficient $\mathrm{R}^{(n)}_i$ est une fonction de $\mathscr{C}$, de la racine $\lambda^{(n)}_i$, des deux indices n et i, et des trois coordonnées polaires du point M, savoir, de sa distance r au centre de la Terre, et des deux angles qui déterminent la direction de ce rayon vecteur. L'expression de $\mathrm{R}^{(n)}_i$ se conclut de l'état initial du globe, c'est-à-dire de la valeur de u en fonction de ces trois coordonnées, qui répond à $t = 0$.

En particulier, les coefficients R, R_1, R_2, etc., de la première ligne sont indépendants des angles relatifs à la direction de r, et leurs expressions sont les mêmes que si la chaleur initiale de chacune des couches sphériques du globe, concentriques et d'une épaisseur infiniment petite, avait été distribuée uniformément dans cette couche. On démontre aussi que la plus petite des quantités λ, $\lambda_{,}$, $\lambda_{,,}$, etc., relatives à cette même ligne, est la plus petite de toutes les racines de l'équation $L = o$. En supposant que λ soit cette racine *minima*, il s'ensuit que le premier terme de l'expression de u sera celui qui décroîtra le moins rapidement, de telle sorte qu'avant que tous les termes se soient évanouis par l'accroissement du temps t, et que la Terre ait pris, dans toute sa masse, la température extérieure zéro, il y aura une époque à laquelle la valeur de u se réduira sensiblement à

$$u = \mathrm{R}e^{-\frac{a^2\lambda^2 t}{l^2}}.$$

En même temps, on a, aussi à très peu près,

$$\lambda = \pi, \quad \mathrm{R} = \frac{2}{lr}\left(\sin\frac{\pi r}{l} - \frac{\pi r}{\mathcal{C}l}\cos\frac{\pi r}{l}\right)\int_o^l r'\mathrm{F}r'\,dr';$$

$\mathrm{F}r'$ représentant la température moyenne initiale de la couche dont le rayon est r'.

A partir de cette époque, la température u décroîtra en progression géométrique, pour des accroissements égaux du temps t. Dans l'hypothèse que l'on a faite de l'homogénéité, c'est-à-dire abstraction faite de la différence des valeurs de a et de b en différents lieux; cette température sera la même pour tous les points également éloignés du centre. Sa valeur au centre même, ou relative à $r = o$, sera à sa valeur à la surface, ou relative à $r = l$, comme $\mathcal{C}$ est à l'unité. Enfin, à une distance x de la surface, très petite par rapport à l, on aura, à très peu près,

$$u = \mathrm{B}\,(\mathrm{1} + bx)\,e^{-\frac{a^2\pi^2 t}{l^2}},$$

en remettant pour $\mathcal{C}$ sa valeur bl, et en faisant, pour abréger,

$$\frac{2\pi}{bl^3}\int_o^l r'\mathrm{F}r'\,\frac{\sin\pi r'}{l}\,dr' = \mathrm{B}.$$

On suppose, à la page 16 du mémoire, la Terre parvenue actuellement à cet état qui précède son refroidissement total, et qui répond à un temps t pour lequel $a\sqrt{t}$ est devenu un multiple de l, tel que l'on puisse négliger la somme de tous les termes de u, moins le premier, par rapport à ce premier terme. Mais il faut observer qu'à raison de la grandeur de l, cela ne peut avoir lieu qu'autant qu'il se serait écoulé, depuis l'état initial du globe, un nombre immense de siècles; en sorte que pour un temps t beaucoup moindre, mais encore extrêmement long, on doit employer la somme de tous les termes de u, au calcul de ses valeurs numériques; ce qui changera entièrement les lois de leurs variations.

Pour simplifier la question, je supposerai qu'à l'origine, ou quand t était zéro, tous les points du globe situés à égale distance du centre, étaient également échauffés; il en sera de même à toute autre époque; et l'expression de u se réduira à la première ligne horizontale, c'est-à-dire à sa partie indépendante des deux angles qui déterminent la direction du rayon vecteur r de M. D'ailleurs, pour $n = 0$, on a

$$(bl - 1) \frac{\sin \lambda_i}{\lambda_l} + \cos \lambda_i = 0,$$

pour l'équation $\mathrm{L} = 0$, dont $\lambda, \lambda_1, \lambda_2$, etc., sont toutes les racines positives; et parce que bl est un très grand nombre, on en déduit

$$\lambda_i = i\pi\alpha,$$

en négligeant les termes qui ont pour diviseur une puissance de bl supérieure à la première, et faisant, pour abréger,

$$1 - \frac{1}{bl} = \alpha,$$

de sorte que α soit une fraction très peu différente de l'unité. Au même degré d'appoximation, la valeur correspondante de R_i sera

$$\mathrm{R}_i = \frac{2\alpha}{lr} \sin \frac{i\pi\alpha r}{l} \int_0^l r'\mathrm{F}r' \sin \frac{i\pi\alpha r'}{l} \, dr'.$$

Par conséquent, nous aurons

$$u = \frac{\alpha}{lr} \Sigma e^{-i^2\theta^2} \int_0^l (\cos i\rho - \cos i\rho') \, r'\mathrm{F}r' dr',$$

en faisant aussi, pour abréger,

$$\frac{\alpha\pi a\sqrt{i}}{l} = \theta, \qquad \frac{\alpha\pi(r' - r)}{l} = \rho, \qquad \frac{\alpha\pi(r' + r)}{l} = \rho',$$

et la somme Σ s'étendant à tous les nombres entiers i, depuis $i = 1$ jusqu'à $i = \infty$, ou, si l'on veut, depuis $i = 0$ jusqu'à $i = \infty$, parce que le terme relatif à $i = 0$ est zéro. Or, d'après une formule connue, on a

$$e^{-i^2\theta^2} = \frac{1}{\sqrt{\pi}} \int_{-\infty}^{\infty} e^{-z^2} \cos 2i\theta z \, dz;$$

par conséquent, l'expression de u pourra se changer en celle-ci :

$$u = \frac{a}{2lr\sqrt{\pi}} \int_0^l \int_{-\infty}^\infty \big[\Sigma e^{-i\delta}\cos i(\rho + 2\theta z) + \Sigma e^{-i\delta}\cos i(\rho - 2\theta z)$$
$$- \Sigma e^{-i\delta}\cos i(\rho' + 2\theta z) - \Sigma e^{-i\delta}\cos i(\rho' - 2\theta z)\big] e^{-z^2} r' \mathrm{F} r' \, dr' \, dz,$$

où l'on représente par δ une quantité positive, que l'on fera nulle ou infiniment petite, après avoir effectué les sommations indiquées par Σ, et
qui est introduite ici afin qu'on puisse, au moyen de l'exponentielle $e^{-i\delta}$,
considérer les séries périodiques de cosinus, comme les limites d'autres
séries convergentes.

Cela posé, ω étant une quantité réelle et indépendante de i, on a

$$2\Sigma e^{-i\delta}\cos i\omega = 1 + \frac{1 - e^{-2\delta}}{1 - 2e^{-\delta}\cos\omega + e^{-2\delta}}.$$

Si donc on fait, par exemple,

$$2\theta z + \rho = \omega, \quad dz = \frac{d\omega}{2\theta},$$

il en résultera

$$\int_{-\infty}^\infty \big[\Sigma e^{-i\delta}\cos i(\rho + 2\theta z)\big] e^{-z^2} \, dz = \frac{\sqrt{\pi}}{4\theta} + \frac{1}{4\theta}\int_{-\infty}^\infty \frac{(1 - e^{-2\delta})\, e^{-\frac{(\omega - \rho)^2}{4\theta^2}}}{1 - 2e^{-\delta}\cos\omega + e^{-2\delta}}\, d\omega.$$

Or, le numérateur du coefficient de $d\omega$ sous le signe $\int$, s'évanouit quand δ
est infiniment petit ; ce coefficient s'évanouit donc également, excepté pour
les valeurs de ω, qui font aussi évanouir le dénominateur, et qui sont les
valeurs de cette variable, infiniment peu différentes de zéro ou d'un multiple de 2π; par conséquent, si l'on désigne par n un nombre entier, positif, négatif ou zéro, et si l'on fait

$$\omega = 2n\pi + y,$$

on pourra traiter la variable y comme un infiniment petit, positif ou négatif, et décomposer l'intégrale relative à ω en une somme étendue depuis
$n = -\infty$ jusqu'à $n = \infty$, d'intégrales relatives à y. En considérant ainsi
δ et y comme des infiniment petits, nous aurons

$$1 - e^{-2\delta} = 2\delta, \quad 1 - 2e^{-\delta}\cos\omega + e^{-2\delta} = \delta^2 + y^2, \quad e^{-\frac{(\omega - \rho)^2}{4\theta^2}} = e^{-\frac{(2n\pi - \rho)^2}{4\theta^2}};$$

l'intégrale relative à ω deviendra

$$2\int \frac{\delta \, dy}{\delta^2 + y^2} \Sigma e^{-\frac{(2n\pi - \rho)^2}{4\theta^2}};$$

de plus celle qui se rapporte à γ s'évanouissant avec δ, dès que γ a une valeur finie, positive ou négative, on pourra maintenant l'étendre depuis $\gamma = -\infty$ jusqu'à $\gamma = \infty$; on aura alors

$$\int_{-\infty}^{\infty} \frac{\delta\, dy}{\delta^2 + y^2} = \pi ;$$

et l'on en conclura

$$\int_{-\infty}^{\infty} \left[\Sigma e^{-i\delta}\cos i\,(\rho + 2\theta z)\right] e^{-z^2} dz = \frac{\sqrt{\pi}}{4\theta} + \frac{\pi}{2\theta}\,\Sigma e^{-\frac{(2n\pi - \rho)^2}{4\theta^2}}.$$

On obtiendra de même les intégrales relatives à z des trois autres sommes Σ que contient l'expression de u ; laquelle deviendra, en conséquence,

$$u = \frac{a\sqrt{\pi}}{4l r\theta}\int_0^l \Sigma\left[e^{-\frac{(2n\pi - \rho)^2}{4\theta^2}} + e^{-\frac{(2n\pi + \rho)^2}{4\theta^2}} - e^{-\frac{(2n\pi - \rho')^2}{4\theta^2}} - e^{-\frac{(2n\pi + \rho')^2}{4\theta^2}} \right] r'\mathrm{F}r'\,dr' ;$$

ou bien, en séparant de la somme Σ, le terme qui répond à $n = 0$, et réunissant deux à deux les termes relatifs à des nombres n égaux et de signes contraires, on aura finalement

$$u = \frac{a\sqrt{\pi}}{2l r\theta}\int_0^l \left(e^{-\frac{\rho^2}{4\theta^2}} - e^{-\frac{\rho'^2}{4\theta^2}} \right) r'\mathrm{F}r'\,dr'$$

$$+ \frac{a\sqrt{\pi}}{2l r\theta}\int_0^l \Sigma\left[e^{-\frac{(2n\pi + \rho)^2}{4\theta^2}} - e^{-\frac{(2n\pi + \rho')^2}{4\theta^2}} \right] r'\mathrm{F}r'\,dr'$$

$$+ \frac{a\sqrt{\pi}}{2l r\theta}\int_0^l \Sigma\left[e^{-\frac{(2n\pi - \rho)^2}{4\theta^2}} - e^{-\frac{(2n\pi - \rho')^2}{4\theta^2}} \right] r'\mathrm{F}r'\,dr' ;$$

les sommes Σ s'étendant seulement aux nombres entiers et positifs n, depuis $n = 1$ jusqu'à $n = \infty$.

Tant que $a\sqrt{t}$ sera très petit par rapport à l, ce qui rendra θ une très petite fraction, les sommes Σ, et par suite cette expression de u, seront des séries extrêmement convergentes ; tandis que l'expression de u dont nous sommes partis était, au contraire, une série très convergente pour les valeurs de $a\sqrt{t}$ très grandes par rapport à l.

On peut facilement vérifier que cette dernière équation se réduit à $u = \mathrm{F}r$ quand $t = 0$. En effet, si l'on suppose t infiniment petit, θ le sera aussi ; ce qui fera d'abord disparaître tous les termes des deux sommes Σ. De plus, dans la première partie de u, le coefficient de dr' sous le signe $\int$, s'é-

vanouit également, excepté pour les valeurs de r' infiniment peu différentes de r; en faisant donc

$$r' = r + z, \quad dr' = dz,$$

et par conséquent

$$\rho = \frac{a\pi z}{l}, \quad \rho' = \frac{a\pi(2r + z)}{l},$$

on pourra considérer z comme une variable infiniment petite, à laquelle
on donnera des valeurs positives et des valeurs négatives, si r et $l - r$ ont
des grandeurs finies, ce que nous supposerons d'abord. Dans ce cas, l'exponentielle qui contient ρ' s'évanouira aussi, et l'on aura simplement

$$u = \frac{a\sqrt{\pi}}{2l\theta} \, Fr \int e^{-\frac{a^2\pi^2 z^2}{4l^2\theta^2}} dz;$$

mais sans altérer la valeur de cette dernière intégrale, on pourra actuellement l'étendre depuis $z = -\infty$ jusqu'à $z = \infty$, puisque le coefficient
de dz sous le signe $\int$, s'évanouit pour toutes les valeurs finies de z; elle
aura alors $\dfrac{2\theta l}{a\sqrt{\pi}}$ pour valeur, et il en résultera $u = Fr$.

Lorsque r est infiniment petit ou nul, tous les termes de l'expression
de u se présentent sous la forme $\frac{0}{0}$; en déterminant leurs valeurs par la
règle ordinaire, désignant par C la température centrale, et ayant égard
à ce que ρ, ρ', θ, représentent, il vient

$$C = \frac{1}{2a^2 t\sqrt{\pi t}} \int_0^l e^{-\frac{r'^2}{4a^2 t}} r'^2 Fr' dr'$$

$$+ \frac{1}{2\alpha a^3 t\sqrt{\pi t}} \Sigma \int_0^l e^{-\frac{(2nl + \alpha r')^2}{4\alpha^2 a^2 t}} (2nl + \alpha r') \, r' Fr' dr'$$

$$- \frac{1}{2\alpha a^3 t\sqrt{\pi t}} \Sigma \int_0^l e^{-\frac{(2nl - \alpha r')^2}{4\alpha^2 a^2 t}} (2nl - \alpha r') \, r' Fr' dr'.$$

Quand t est infiniment petit, tous les termes de cette formule s'évanouissent, excepté le premier; et l'on trouve, par un raisonnement semblable
au précédent, que ce premier terme est égal à la valeur de Fr', qui répond
à $r = 0$.

La forme de C en fonction de t dépendra de celle de Fr', ou de l'hypothèse que l'on fera sur la distribution primitive de la chaleur. Le cas le
plus simple est celui où l'on suppose que la température initiale du globe

ait été partout la même; de sorte que Fr' soit une quantité indépendante de r'. En la désignant par A, la valeur de C pourra s'écrire ainsi

$$C = \frac{A}{2a^2 t \sqrt{\pi t}} \int_0^l e^{-\frac{r'^2}{4a^2 t}} r'^2 dr'$$
$$+ \frac{A}{2\alpha a^2 t \sqrt{\pi t}} \Sigma \int_{-l}^l e^{-\frac{(2nl + \alpha r')^2}{4\alpha^2 a^2 t}} (2nl + \alpha r') r' dr';$$

ou bien, en intégrant par partie,

$$C = -\frac{Al}{a\sqrt{\pi t}} e^{-\frac{l^2}{4a^2 t}} + \frac{A}{a\sqrt{\pi t}} \int_0^l e^{-\frac{r'^2}{4a^2 t}} dr'$$
$$- \frac{Al}{a\sqrt{\pi t}} \Sigma \left[e^{-\frac{(2nl + \alpha l)^2}{4\alpha a^2 t}} + e^{-\frac{(2nl - \alpha l)^2}{4\alpha^2 a^2 t}} \right]$$
$$+ \frac{A}{a\sqrt{\pi t}} \Sigma \int_{-l}^l e^{-\frac{(2nl + \alpha r')^2}{4\alpha^2 a^2 t}} dr'.$$

La différence $1 - \alpha$ étant une très petite fraction, je mets dans cette formule, pour la simplifier, l'unité au lieu de α; je fais, en outre,

$$\frac{l}{2a\sqrt{t}} = m, \qquad \frac{r'}{2a\sqrt{t}} = z, \qquad \frac{dr'}{2a\sqrt{t}} = dz;$$

et à cause de

$$\int_0^m e^{-z^2} dz = \frac{1}{2} \sqrt{\pi} - \int_m^\infty e^{-z^2} dz,$$

on en déduit

$$A - C = \frac{2A}{\sqrt{\pi}} \int_m^\infty e^{-z^2} dz + \frac{4mA}{\sqrt{\pi}} \Sigma e^{-m^2(2n-1)^2} - \frac{2A}{\sqrt{\pi}} \Sigma \int_{-m}^m e^{-(2nm + z)^2} dz;$$

la première, comme la seconde somme Σ, s'étendant toujours depuis $n = 1$ jusqu'à $n = \infty$.

On a évidemment

$$\int_{-m}^m e^{-(2nm + z)^2} dz < 2m e^{-m^2(2n-1)^2};$$

par conséquent, la valeur de $A - C$ est une quantité positive ou zéro; de sorte que la température centrale ne peut jamais excéder la température initiale A, commune à tous les points du globe. Elle lui est égale, comme cela doit être, quand $t = 0$; car alors on a $m = \infty$; ce qui rend nulles séparément les trois parties de l'expression de A — C. Pour $t = \infty$, elle se réduit à zéro, c'est-à-dire qu'elle devient égale à la température extérieure; car on a alors $m = 0$; ce qui fait évanouir les deux dernières parties de A — C, et rend la première égale à A, à cause de la valeur $\frac{1}{2}\sqrt{\pi}$ de $\int_0^\infty e^{-z^2}\,dz$. Pour toute autre valeur de t, on a

$$A - C < \frac{2A}{\sqrt{\pi}} \int_m^\infty e^{-z^2}\,dz + \frac{4mA}{\sqrt{\pi}} \Sigma e^{-m^2(2n-1)^2};$$

ou si l'on veut

$$A - C < \frac{2A}{\sqrt{\pi}} \int_m^\infty e^{-z^2}\,dz + \frac{4mA e^{-m^2}}{\left(1 - e^{-2m^2}\right)\sqrt{\pi}},$$

ou observant qu'on a évidemment

$$\Sigma e^{-m^2(2n-1)^2} < \Sigma e^{-m^2(2n-1)},$$

et que le rapport de e^{-m^2} à $1 - e^{-2m^2}$ est la valeur de cette dernière somme Σ. Or, cette limite de A — C montre que ce n'est qu'au bout d'un temps excessivement long que C peut commencer à différer sensiblement de A : pour que A — C soit une très petite fraction de A, il n'est pas nécessaire que $a\sqrt{t}$ soit encore une petite partie de l, ou que m soit un grand nombre; il suffit, par exemple, que m soit égal à quatre ou cinq, pour que la limite précédente de A — C soit inférieure à un millionième de A ; et si l'on observe que le rayon l est de plus de six millions de mètres, et que l'on prenne $a = 5$, il faudra que t surpasse mille millions de siècles pour qu'on ait $m = 5$. Ainsi, après un aussi long intervalle de temps, écoulé depuis l'état initial du globe, son centre n'aurait pas encore perdu un millionième de sa chaleur d'origine.

Considérons actuellement la température d'un point M assez éloigné du centre, ou tel qu'en désignant par x sa distance à la surface, $l - x$ ne soit pas une petite partie du rayon l. Supposons toujours la température initiale du globe, la même en tous ses points, et égale à A. En faisant

$$Fr' = A, \quad r = l - x, \quad r' = l - x', \quad dr' = -dx',$$

et d'après les valeurs de θ, ρ, ρ', celle de u deviendra

$$u = \frac{A}{2\,(l - x\,,\,a\sqrt{\pi t}}\int_0^l \left[e^{-\frac{(x - x')^2}{4a^2 t}} - e^{-\frac{(2l - x - x')^2}{4a^2 t}} \right](l - x')dx'$$

$$+ \frac{A}{2\,(l - x)\,a\sqrt{\pi t}}\,\Sigma\int_0^l \left[e^{-\frac{(2nl + \alpha x - \alpha x')^2}{4\alpha^2 a^2 t}} - e^{-\frac{(2nl + 2\alpha l - \alpha x - \alpha x')^2}{4\alpha^2 a^2 t}} \right](l - x')\,dx'$$

$$+ \frac{A}{2\,(l - x)\,a\sqrt{\pi t}}\,\Sigma\int_0^l \left[e^{-\frac{(2nl - \alpha x + \alpha x')^2}{4\alpha^2 a^2 t}} - e^{-\frac{2nl - 2\alpha l + \alpha x + \alpha x'}{4\alpha^2 a^2 t}} \right](l - x')dx'.$$

Tant que la distance $l - x$ du point M au centre de la Terre, sera un certain multiple, comme cinq ou six, par exemple, de $2a\sqrt{t}$, on pourra négliger, dans cette formule, les exponentielles dont l'exposant est au-dessus de $\frac{(l - x)^2}{4a^2 t}$, pour toutes les valeurs de x'. Cela étant, il suffira de conserver la première exponentielle, et la dernière dans le cas seulement de $n = 1$, pour lequel son exposant est $\frac{(2 + bax + bax')^2}{4b^2 \alpha^2 a^2 t}$, à cause de $\alpha = 1 - \frac{1}{bl}$; nous aurons donc simplement

$$u = \frac{A}{2\,(l - x)\,a\sqrt{\pi t}}\int_0^l \left[e^{-\frac{(x - x')^2}{4a^2 t}} - e^{-\frac{(2 + abx + abx')^2}{4a^2 b^2 a^2 t}} \right](l - x')dx',$$

ou, ce qui est la même chose,

$$u = \frac{2Aa\sqrt{t}}{(l - x)\sqrt{\pi}}\left[e^{-\frac{(l - x)^2}{4a^2 t}} - e^{-\frac{x^2}{4a^2 t}} + e^{-\frac{(2 + abx)^2}{4a^2 b^2 a^2 t}} - e^{-\frac{(2 + abl + abx)^2}{4a^2 b^2 a^2 t}} \right]$$

$$+ \frac{A}{2a\sqrt{\pi t}}\left[\int_0^l e^{-\frac{(x - x')^2}{4a^2 t}}dx' - \frac{2 + ab\,(l + x)}{ab\,(l - x)}\int_0^l e^{-\frac{(2 + abx + abx')^2}{4a^2 b^2 a^2 t}}dx' \right].$$

On pourra encore négliger la première et la dernière exponentielle en dehors des signes $\int$; celles qui sont renfermées sous les signes $\int$, ayant aussi des valeurs négligeables, par hypothèse, à la limite $x' = l$, et pour $x' > l$, il sera permis, en outre, d'étendre ces deux intégrales jusqu'à $x' = \infty$; et de cette manière, on aura

$$u = \frac{2Aa\sqrt{t}}{(l - x)\sqrt{\pi}}\left[e^{-\frac{(2 + abx)^2}{4a^2 b^2 a^2 t}} - e^{-\frac{x^2}{4a^2 t}} \right]$$

$$+ \frac{A}{2a\sqrt{\pi t}}\left[\int_0^\infty e^{-\frac{(x - x')^2}{4a^2 t}}dx' - \frac{2 + ab(l + x)}{ab\,(l - x)}\int_0^\infty e^{-\frac{(2 + abx + abx')^2}{4a^2 b^2 a^2 t}}dx' \right],$$

pendant tout le temps que la distance du point M à la surface est au moins quatre ou cinq fois plus grande que $2a\sqrt{t}$.

Afin de simplifier encore cette expression de u, je fais, dans la première intégrale ,

$$\frac{x'-x}{2a\sqrt{t}}=y, \qquad \frac{dx'}{2a\sqrt{t}}=dy, \qquad \frac{x}{2a\sqrt{t}}=h,$$

et, dans la seconde,

$$\frac{2+abx+abx'}{2aba\sqrt{t}}=z, \qquad \frac{dx'}{2a\sqrt{t}}=dz, \qquad \frac{2+abx}{2aba\sqrt{t}}=k\,;$$

les limites relatives à y et à z seront $y=-h$ et $y=\infty$, $z=k$ et $z=\infty$; et comme on a

$$\int_{-h}^{\infty}e^{-y^2}dy=\frac{1}{2}\sqrt{\pi}+\int_{0}^{h}e^{-y^2}dy, \qquad \int_{k}^{\infty}e^{-z^2}dz=\frac{1}{2}\sqrt{\pi}-\int_{0}^{k}e^{-z^2}dz,$$

il en résultera

$$u=\frac{2Aa\sqrt{t}}{(l-x)\sqrt{\pi}}(e^{-k^2}-e^{-h^2})-\frac{A(1+abx)}{ab(l-x)}$$
$$+\frac{A}{\sqrt{\pi}}\left[\int_{0}^{h}e^{-y^2}dy+\frac{2+ab(l+x)}{ab(l-x)}\int_{0}^{k}e^{-z^2}dz\right].$$

Lorsque t est infiniment petit, on a $h=\infty$ et $k=\infty$; ce qui réduit cette valeur de u à $u=A$, comme cela doit être. Mais à l'époque actuelle, ces quantités h et k sont de très petites fractions près de la surface du globe , et ne peuvent cesser de l'être qu'à de très grandes profondeurs.

Je suppose d'abord que x soit une petite partie du rayon ; ce qui comprend toutes les profondeurs accessibles et au-delà. En négligeant les puissances de h et k supérieures au carré , on aura

$$e^{-k^2}-e^{-h^2}=h^2-k^2, \qquad \int_{0}^{h}e^{-y^2}dy=h, \qquad \int_{0}^{k}e^{-z^2}dz=k\,;$$

et si l'on remet pour h, k, α, leurs valeurs, et que l'on néglige ensuite les termes qui ont l^2 pour diviseur, on trouve

$$u=\frac{A(1+bx)}{ba\sqrt{\pi t}}-\frac{A(1+bx)}{bl}+\frac{2A(1+bx+b^2x^2)}{b^2la\sqrt{\pi t}}\,;$$

quantité de même signe que A, dans l'hypothèse que l'on a faite, de l cinq à six fois aussi grand que $2a\sqrt{t}$, et, conséquemment, plus grand que $a\sqrt{t}$;

qui se réduirait à son premier terme, si le rayon l était infini ; et qui coïn-
ciderait, à cette limite, avec la valeur de u que j'ai trouvée d'une tout autre
manière, à la page 327 de mon ouvrage. On vérifie aussi que les valeurs de u
et $\frac{du}{dx}$ qui répondent à $x=0$, satisfont à la condition $\frac{du}{dx} = bu$, qui doit toujours avoir lieu à la surface.

Si l'on prend $a = 5$ et $b = 1$, et si l'on suppose, qu'à l'origine, la température de la masse entière du globe s'élevait à 3000 degrés, il faudra
qu'il se soit écoulé, à très peu près un million de siècles depuis l'époque de
cet état initial, pour que la température de la surface provenant de la chaleur d'origine, soit réduite actuellement à un 30e de degré, et qu'elle s'ac-
croisse d'un 30e de degré par chaque mètre d'augmentation de distance
à la superficie. Il faudrait également qu'il s'écoulât encore trois millions de
siècles, pour que ces petites fractions de degré se réduisissent à moitié, et ce
ne sera que quand $a \sqrt{t}$ sera devenu un multiple de l, qu'elles pourront
s'évanouir entièrement.

L'uniformité d'accroissement de chaleur dans le sens de la profondeur,
aura lieu à toutes les distances accessibles : à la profondeur de 1500 mètres,
par exemple, cet accroissement, pour chaque mètre, ne serait pas augmenté d'un millième de sa valeur à la surface; mais à de plus grandes distances, la température deviendrait sensiblement constante, et égale,
comme au centre même, à la température initiale A.

En effet, lorsque x est une partie considérable du rayon l, les quantités h et k sont sensiblement égales, et l'on a, à très peu près,

$$u = \frac{2Al}{(l - x)\sqrt{\pi}} \int_0^h e^{-y^2} dy - \frac{Ax}{l - x} \; ;$$

or, il suffit que h soit, par exemple, égal à trois ou quatre, pour que
cette intégrale diffère très peu de sa valeur $\frac{1}{2}\sqrt{\pi}$, relative à $h=\infty$,
et, en conséquence, pour que u diffère aussi très peu de A. En sup-
posant t égal à un million de siècles, et x égal au 20e du rayon l; et faisant toujours $a = 5$, on aurait à très peu près $h = 3$, et la valeur de u
différerait à peine de celle de A, d'un millionième de celle-ci; de sorte
qu'on aurait à très peu près A$-u = 0^\circ,003$, si A avait été de 3000 degrés. Si l'on prend les mêmes valeurs de a et de t, et qu'on fasse
$l = 6364500^m$, et $x = \frac{1}{100} l$, on aura

$$h = 0{,}6364, \qquad \frac{2}{\sqrt{\pi}} \int_0^h e^{-y^2} dy = 1 - 0{,}6319,$$

et, par conséquent,

$$u = A\,(0,6282) = 1984°,7,$$

en supposant toujours la température A égale à 3000 degrés : pour ces données, l'accroissement de température près de la surface étant d'un 30e de degré par mètre; s'il était uniforme jusqu'à la profondeur de 63645 mètres, la valeur de u serait de 2121°,5, c'est-à-dire plus grande de 136°,8, que celle que nous trouvons.

Quoique je croie avoir démontré, dans le mémoire, que la chaleur développée par la solidification de la Terre a dû se dissiper pendant la durée du phénomène, et que, depuis long-temps, il n'en subsiste plus aucune trace; il était bon, néanmoins, de déterminer, d'une manière complète, les lois du refroidissement qui auraient eu lieu, si le globe, devenu solide, avait eu dans toute sa masse une température très élevée. Ces lois sont, comme on voit, très différentes, selon que l'on suppose le produit $a\sqrt{i}$, à l'époque actuelle, notablement plus petit, ou notablement plus grand que le rayon l; elles n'avaient pas encore été déterminées dans la première hypothèse, et c'est à la seconde que se rapportent toutes les citations du mémoire.

Au commencement de cette note, j'ai supposé que la température intérieure ne variait, ni avec le temps t, ni d'un point à un autre de la surface du globe. Si elle est seulement indépendante de t, mais qu'elle soit différente pour les différents points de cette surface, et donnée en fonction de leurs coordonnées, il faudra ajouter à la température u d'un point quelconque M de la masse, une partie u', aussi indépendante de t et fonction des trois coordonnées de M. A la surface, u' coïncidera avec la température extérieure, correspondante à ce point; à une profondeur x, très petite par rapport au rayon l, la valeur de u' différera aussi très peu de celle qui aura lieu à l'extrémité du rayon passant par le point M; et sur un même rayon du globe, u' ne commencera à varier, d'une manière sensible, que quand la distance r du point M au centre différera sensiblement de l. Au centre même, ou pour $r = 0$, j'ai démontré, à la page 388 de mon ouvrage, que la température u' est la moyenne de ses valeurs relatives à tous les points de la superficie. Ce théorème est indépendant de la grandeur du rayon l; il a également lieu pour la Terre et pour une sphère d'un rayon quelconque : il n'y aura de différence que dans le temps, plus ou moins long, qui devra s'écouler pour que la température centrale parvienne à une grandeur permanente ; lequel temps comprendra , dans le cas de la Terre, un nombre de siècles excessivement grand, et sera très court, au contraire, dans le cas d'une sphère d'un fort petit rayon, comme la boule d'un thermomètre, par exemple. La règle qui a été suivie, à la page 23 du mémoire, pour déterminer une limite inférieure à la température de l'espace au lieu où la Terre se trouve actuellement, est fondée sur ce théorème, ainsi que je vais l'expliquer.

Soit ds l'élément différentiel de la surface du globe, correspondante à un point quelconque P. Par ce point, menons un plan tangent à cette surface et indéfiniment prolongé ; appelons ζ la température qu'il faudrait supposer à tous les points de l'enceinte stellaire, pour que la partie située au-dessus de ce plan, envoyât à chaque instant, à l'élément ds, la quantité de chaleur rayonnante qu'il en reçoit effectivement : si l'on suppose nulle l'absorption de cette chaleur dans l'atmosphère, et abstraction faite de la chaleur solaire qui parvient à l'élément ds, ainsi que de l'échange de chaleur rayonnante qui a lieu, à travers ds, entre la Terre et l'atmosphère ; ζ exprimera la température extérieure relative au point P. Je désigne par γ la moyenne des valeurs de cette quantité, qui correspondent à tous les points de la surface du globe ; d'où il résultera

$$\gamma = \frac{1}{4\pi l^2} \int \zeta ds,$$

en étendant l'intégrale à cette surface entière.

Maintenant, imaginons que la matière du globe, aussi bien que l'atmosphère, soit rendue complétement perméable à la chaleur rayonnante ; plaçons un thermomètre à son centre ; et concevons un cône infiniment aigu, qui ait son sommet en ce point, et soit circonscrit à l'élément ds. Soit ds' l'élément qui sera intercepté par ce cône, sur la surface du thermomètre, sphérique et concentrique à celle du globe ; de sorte que l' étant le demi-diamètre de la boule du thermomètre, on ait

$$ds' = \frac{l'^2 ds}{l^2},$$

et que les deux éléments ds et ds' se trouvent situés du même côté par rapport au centre commun des deux surfaces. Désignons encore par ζ' la température provenant de la chaleur stellaire, incidente à chaque instant sur ds', ou, autrement dit, soit ζ', à l'égard de cet élément, ce que ζ représente relativement à ds. Si nous appelons, enfin, γ' la moyenne des valeurs de ζ' qui répondent à tous les éléments ds', et que nous étendions l'intégrale $\int\zeta'ds'$ à la surface entière du thermomètre, nous aurons aussi

$$\gamma' = \frac{1}{4\pi l'^2}\int\zeta' ds'.$$

Cela posé, en vertu du théorème qu'on vient de rappeler, γ et γ' sont les températures finales que prendront le centre de la Terre et celui de l'instrument; celui-ci après un petit intervalle de temps, et l'autre après un temps excessivement long, et en supposant que la Terre ne se déplace pas dans l'espace, ou, ce qui revient au même, en supposant que la chaleur de l'espace ne varie pas sur sa route. Il résulte, d'ailleurs, de la définition même de la chaleur de l'espace en un point donné, produite par le rayonnement stellaire, que cette température, au point que le centre de la Terre occupe actuellement, n'est autre chose que γ'; c'est donc la valeur de cette quantité γ' qu'il s'agit de déterminer, ou plutôt, une limite à laquelle elle soit supérieure. Or, il est aisé de voir que l'on a, sans erreur sensible, $\zeta'=\zeta$; car ces deux quantités ζ et ζ' ne peuvent différer l'une de l'autre, qu'à raison de la chaleur rayonnante, émanée de la zone stellaire qui se trouve comprise entre les plans tangents à ds et ds'; et ces deux plans étant parallèles, on peut évidemment négliger cette zone, par rapport à toute la partie de l'enceinte stellaire, située d'un même côté de l'un ou l'autre de ces plans, et de laquelle résulte la température ζ ou ζ'. En ayant égard, en outre, à la valeur de ds', on aura donc

$$\gamma' = \frac{1}{4\pi l^2}\int\zeta ds = \gamma.$$

Toutefois, cela suppose que la chaleur stellaire n'éprouve aucune diminution en traversant l'atmosphère; ce qui rend la quantité ζ comprise dans cette intégrale, moindre que celle qu'il y faudrait employer. De plus, cette même quantité ζ est aussi plus petite, comme on l'a expliqué dans le mémoire, que celle qui a été désignée par ρ à la page 17, et qu'on peut déterminer par des observations faites à la surface du globe. Par cette double raison, si l'on appelle ε la température de l'espace au lieu où la Terre se trouve actuellement, de sorte que $\varepsilon=\gamma'$, on aura

$$\varepsilon > \frac{1}{4\pi l^2}\int\rho ds;$$

ce qu'il s'agissait de démontrer.

8..

Note D.

Afin de montrer, avec plus de précision , comment l'atmosphère se termine par la perte totale de son ressort, due au degré de froid de sa couche supérieure, je vais développer, dans cette note, le calcul de la densité et de la température des couches atmosphériques, tel qu'il a été indiqué à la page 18 du Mémoire, c'est-à-dire, en ne tenant pas compte de l'absorption que la chaleur rayonnante peut éprouver en traversant le fluide, non plus que du rayonnement de ses molécules, et supposant que la chaleur s'y propage de proche en proche, par la communication directe.

Considérons une colonne d'air en repos, verticale et cylindrique, qui s'appuie à la surface de la Terre, et se termine à la limite supérieure de l'atmosphère. Partageons ce fluide en tranches horizontales d'une épaisseur insensible, mais plus grande, néanmoins, que le rayon d'activité des forces moléculaires. Appelons Z la tranche dont la base supérieure se trouve à une distance quelconque z de la surface du globe. Soit n l'épaisseur de cette tranche, de sorte que sa base inférieure réponde à la distance $z - n$. Désignons par ρ la densité du fluide dont elle se compose, et par φ sa pesanteur; en prenant pour unité de surface, l'aire d'une section horizontale de la colonne d'air, $n\varphi$ sera la masse de Z, et $n\rho\varphi$ son poids. Soit aussi p la pression qui s'exerce, dans le sens de la pesanteur, sur sa base supérieure, et qui provient du poids des tranches situées au-dessus de Z. Cette inconnue p sera une fonction de z, décroissante quand z augmentera, ou, autrement dit, $\frac{dp}{dz}$ sera une quantité négative. La pression qui aura lieu sur la base supérieure de la tranche située immédiatement au-dessous de Z, se déduira de p, en y mettant $z - n$ au lieu de z; en négligeant le carré de n, elle aura donc $p - \frac{dp}{dz} n$ pour valeur : elle réagira en sens contraire sur la tranche Z, qui se trouvera ainsi poussée de bas en haut par l'excès de $p - \frac{dp}{dz} n$ sur p. Pour que Z demeure en repos, il faudra donc que cet excès de pression $\frac{dp}{dz} n$, soit égal au poids $n\rho\varphi$; d'où l'on conclut

$$\frac{dp}{dz} = -\,\rho\varphi\,, \qquad (1)$$

pour l'équation d'équilibre de l'atmosphère. A sa limite supérieure, la pression p n'existe pas; si donc on appelle l la longueur de la colonne d'air, on aura, en même temps,

$$z = l, \quad p = 0.$$

A la limite inférieure, la pression p sera le poids total de la colonne fluide; en le désignant par ϖ, sa valeur sera

$$\varpi = \int_0^l \rho \varphi \, dz;$$

et l'on aura, à la fois,

$$z = 0, \quad p = \varpi.$$

On pourra aussi exprimer ϖ au moyen de la hauteur du baromètre, observée à la surface de la Terre. En la représentant par h, par g la pesanteur à cette surface, par m la densité du mercure, et observant que ce poids doit faire équilibre à celui de la colonne barométrique, on aura

$$\varpi = mgh.$$

Soit f la force élastique du fluide de Z. Pour la déduire, s'il est possible, des forces moléculaires qui la produisent, je partage la base supérieure de Z en éléments dont les dimensions soient insensibles, eu égard même au rayon d'activité de ces forces. Sur chacun de ces éléments, j'élève un cylindre vertical, compris dans le fluide supérieur à Z. Soient C l'un de ces cylindres et ω l'élément qui en est la base. Je décompose le volume de C en tranches horizontales, dont l'épaisseur soit aussi insensible par rapport au rayon d'activité moléculaire. Je décompose également le volume de Z, en éléments du même ordre de petitesse que ceux de C. Appelons u et v deux éléments quelconques; le premier de C, et le second de Z. Les fluides contenus dans u et v exerceront l'un sur l'autre, des répulsions et des attractions provenant de leur calorique et de leur matière pondérable, et dirigées suivant une droite menée de l'un de ces éléments à l'autre. J'appelle Ruv l'excès de la répulsion du fluide de v sur celui de u; en sorte que R soit une force rapportée aux unités de volume pour les deux fluides, et qui aura une valeur positive ou négative, selon que la répulsion sera plus grande ou plus petite que l'attraction. En désignant par $\downarrow$ l'angle que fait la verticale passant par u et dirigée dans le sens de la pesanteur, avec la droite menée de u à v, la composante de Ruv, verticale et dirigée de bas en haut, sera égale à R$uv \cos \downarrow$. Or, si l'on exclut le cas où C est situé à

une distance insensible des parois latérales de la colonne d'air, l'action
totale du fluide de Z sur celui de C, se réduira à une force verticale ; car
il est évident que tout sera symétrique autour de C, et que toutes les
forces horizontales se détruiront deux à deux. Cette force verticale sera la
somme des valeurs de $\mathrm{R}uv\cos\psi$, étendue à tous les éléments u et v de C et
de Z ; elle aura la même valeur pour chacun des cylindres C dont la distance aux parois de la colonne d'air surpasse le rayon des forces moléculaires ; en multipliant cette valeur par le nombre total de ces cylindres, et
négligeant les autres dont le volume total est insensible, on aura donc la
répulsion du fluide de Z, sur tout le fluide de la colonne d'air, supérieur à
cette tranche. Ce sera l'expression de la force élastique f à la distance z
de la surface du globe. L'aire de la base de Z ayant été prise pour unité,
$\frac{1}{\omega}$ sera le nombre de cylindres par lequel il faudra multiplier $\mathrm{R}uv\cos\psi$
pour obtenir cette valeur de f ; si donc on désigne par ε l'épaisseur de la
tranche u de C, de sorte qu'on ait $u = \omega\varepsilon$, il en résultera

$$f = \Sigma \mathrm{R} v\varepsilon \cos\psi;$$

Σ indiquant une somme qui devra s'étendre à tous les éléments de la longueur de C, et à tous ceux du volume de Z.

Pour que le fluide de Z ne se condense ni ne se dilate, il faudra que
cette force f soit égale et contraire à la pression p : si f était moindre
que p, le fluide se condenserait ; il se dilaterait dans le cas contraire ; et la
pression p n'existant pas à la limite supérieure de l'atmosphère, la force
élastique doit aussi y être nulle ; ce qui ne peut avoir lieu que par un
abaissement convenable de la température de l'air à cette limite, ainsi
qu'on l'a expliqué dans le Mémoire.

Nous ignorons suivant quelle loi la force R varie avec la distance de u
à v ; nous savons seulement que cette force décroît très rapidement, et
qu'elle s'évanouit dès qu'on donne à cette distance une grandeur sensible. Dans l'étendue de sa sphère d'activité, cette force peut passer du
positif au négatif, pourvu que la somme Σ, comprise dans la valeur de f,
soit toujours une quantité positive, afin que la force f s'exerce de bas en
haut, et puisse faire équilibre à la pression p. Nous ne savons pas non
plus comment la valeur de la somme Σ varie avec la densité et la température du fluide (*) ; et la valeur de f ne pouvant donc pas être calculée à

____

(*) Voyez sur ce point le n° 39 de mon Mémoire sur *les équations générales de l'é-*

priori, pour l'égaler ensuite à la pression p, c'est à l'expérience que nous sommes obligés de recourir pour obtenir l'expression de p en fonction de la température de l'air et de sa densité, à la hauteur z au-dessus de la surface du globe, qu'il faudra substituer dans l'équation (1).

Or, la densité ayant été désignée par ρ, soit aussi ζ la température ; d'après les lois de Mariotte et de la dilatation des gaz par la chaleur, nous aurons, comme on sait,

$$p = a\rho\,(1 + \alpha\zeta); \qquad (2)$$

a étant le rapport de la pression à la densité, quand la température est zéro, qui dépend de la nature du fluide et de la proportion de vapeur d'eau qui s'y trouve; et α désignant le coefficient de la dilatation, dont la valeur est

$$\alpha = 0,00375,$$

pour tous les gaz, et quel que soit leur degré d'humidité. A la vérité, cette expression de p, donnée par l'expérience, n'a pas été vérifiée pour le cas d'une très faible densité et d'une très basse température ; il est possible qu'alors la pression cesse d'être proportionnelle à la densité, et que la dilatation par la chaleur ne soit plus ni uniforme, ni indépendante de la nature du fluide : les lois de sa variation nous étant inconnues dans ce cas extrême, nous supposerons, pour l'exemple qui nous occupe, que la formule (2) subsiste dans toute la hauteur de l'atmosphère.

Pour déterminer les trois inconnues ρ, p, ζ, en fonctions de z, il faudra joindre aux équations (1) et (2), une troisième équation qui sera celle de la propagation de la chaleur dans la colonne d'air, par voie de communication immédiate. On trouve dans mon premier Mémoire sur la *Distribution de la Chaleur dans les corps* (*), l'équation aux différences partielles, d'où dépend la température à chaque instant, et en un point quelconque d'un corps hétérogène, c'est-à-dire dans un corps dont la densité ou la nature varie par degrés insensibles, dans toute son étendue. Cette équation convient également aux corps solides et aux fluides, et même aux fluides en mouvement; car elle est fondée sur l'échange continuel de chaleur entre les molécules des corps, séparées par de très petites distances, et ne dépend, en conséquence, que de la différence de leurs températures, telle qu'elle

---

quilibre et du mouvement des corps solides élastiques et des fluides, inséré dans le xxe cahier du *Journal de l'École Polytechnique.*

(*) *Ibidem,* xviii cahier.

a lieu à l'instant même que l'on considère. Pour le cas d'un corps homogène, elle coïncide avec celle qui avait été donnée auparavant, mais seulement, lorsqu'on suppose la conductibilité calorifique de la matière de ce corps, indépendante de sa température. Appliquée à la colonne d'air que nous considérons, et dont nous supposerons que chaque tranche horizontale soit parvenue à un état invariable de chaleur, cette équation se réduit à

$$\frac{d \cdot k \frac{d\zeta}{dz}}{dz} = 0 \, ;$$

k étant la mesure de la conductibilité calorifique, qui répond à la hauteur z. La quantité k peut dépendre de la densité et de la température correspondantes du fluide; son expression en fonction de p et de ζ ne nous est pas connue; mais, pour ne pas trop compliquer le calcul, je la regarderai comme indépendante de ζ; et, d'un autre côté, parce que cette conductibilité provient d'un échange de chaleur entre les molécules de Z et celles des tranches adjacentes de la colonne d'air, je supposerai sa mesure k proportionnelle au carré de la densité p. De cette manière, on aura, en intégrant,

$$p^{2} \frac{d\zeta}{dz} + c = 0 \, ; \qquad (3)$$

c désignant la constante arbitraire, qui devra être une quantité positive, puisque ζ diminue quand z augmente. On n'oubliera pas que, dans cette équation, ζ est la température propre du fluide de Z, distincte de celle que marquerait, à la hauteur z, un thermomètre exposé à la chaleur rayonnante et en contact avec ce fluide. D'après l'équation (2), et la condition $p = 0$ qui a lieu à la limite supérieure de l'atmosphère, on aura, à la fois,

$$z = 1, \quad \zeta = - \frac{1}{a} = - 266°,67,$$

à moins d'un centième de degré. A la surface du globe, ζ coïncidera avec la température de cette surface, que je désignerai par θ; on aura donc aussi, en même temps,

$$z = 0, \quad \zeta = \theta.$$

Maintenant, il s'agit d'éliminer entre les trois équations (1), (2), (3), deux des inconnues p, ζ, p, les deux premières, par exemple, et d'intégrer l'équation qui en résultera. Afin de simplifier ces calculs, je remarquerai que près de la surface de la Terre, la densité de la vapeur d'eau contenue dans l'air, lors même qu'elle atteint son *maximum*, n'est qu'une petite partie du mélange, et que la proportion de cette vapeur devient encore moindre à mesure que l'on s'élève dans l'atmosphère; l'influence de l'humidité sur la valeur de la quantité a, est donc peu considérable; et nous pourrons regarder a comme une constante, dans toute la hauteur de la colonne d'air. Nous considérerons aussi la pesanteur φ comme indépendante de z et égale à g; car dans toute cette hauteur, φ ne varie pas d'un centième de sa valeur relative à $z = 0$.

Cela posé, en différentiant l'équation (2), on aura

$$\frac{dp}{dz} = a\,(1 + \alpha\zeta)\,\frac{d\rho}{dz} + a\alpha\rho\,\frac{d\zeta}{dz};$$

en substituant pour $\dfrac{dp}{dz}$ et $\dfrac{d\zeta}{dz}$, leurs valeurs données par les équations (1) et (3), il vient

$$- g\rho = a\,(1 + \alpha\zeta)\,\frac{d\rho}{dz} - \frac{a\alpha c}{\rho};$$

et si l'on fait

$$\rho^2 = x, \qquad \frac{g}{a\alpha} = b,$$

on en déduit

$$\zeta = - \frac{1}{\alpha} + 2(c - bx)\,\frac{dz}{dx}.$$

Je différentie de nouveau, en prenant x pour la variable indépendante, et considérant z comme une fonction de x; on aura alors

$$\frac{d\zeta}{dx} = \frac{d\zeta}{dz}\,\frac{dz}{dx} = - \frac{c}{x}\,\frac{dz}{dx};$$

et il en résultera

$$\frac{d^2 z}{dx^2} = \frac{2bx - c}{2(cx - bx^2)}\,\frac{dz}{dx}.$$

En intégrant une première fois, on aura

$$c'\,\frac{dz}{dx} = - \frac{b}{\sqrt{b'x^2 - bcx}};$$

c' étant la constante arbitraire. Je considérerai le radical comme une quantité positive; et x devant décroître quand z augmente, la constante c' sera aussi positive. En vertu de la valeur précédente de ζ, on aura

$$1 + \alpha\zeta = \frac{2ab(bx - c)}{c'\sqrt{b^2x^2 - bcx}}. \qquad (4)$$

Par une seconde intégration, et en désignant par c'' la constante arbitraire, nous aurons

$$c'z = \log\left(\frac{bx - \frac{1}{2}c - \sqrt{b^2x^2 - bcx}}{c''}\right);$$

ou, ce qui est la même chose,

$$bx - \frac{1}{2}c - \sqrt{b^2x^2 - bcx} = c''e^{c'z};$$

e étant, à l'ordinaire, la base des logarithmes népériens. De cette équation, on déduit

$$bx - \frac{1}{2}c + \sqrt{b^2x^2 - bcx} = \frac{c}{4c''}e^{-c'z};$$

et, en faisant $c'' = \frac{1}{2}cc_{,}$, ces deux dernières équations donnent

$$2bx - c = \frac{c}{2}\left(\frac{1}{c_{,}}e^{-c'z} + c_{,}e^{c'z}\right),$$

$$\sqrt{b^2x^2 - bcx} = \frac{c}{2}\left(\frac{1}{c_{,}}e^{-c'z} - c_{,}e^{c'z}\right);$$

d'où l'on tire encore

$$bx - c = \frac{c}{4}\left(\frac{1}{\sqrt{c_{,}}}e^{-\frac{1}{2}c'z} - \sqrt{c_{,}}e^{\frac{1}{2}c'z}\right)^2,$$

$$bx = \frac{c}{4}\left(\frac{1}{\sqrt{c_{,}}}e^{-\frac{1}{2}c'z} + \sqrt{c_{,}}e^{\frac{1}{2}c'z}\right)^2.$$

Au moyen de ces diverses valeurs, des équations (3) et (4), et de $x = \rho^2$, nous aurons

$$\left.\begin{array}{l}
\rho = \frac{1}{2}\sqrt{\frac{c}{b}}\left(\frac{1}{\sqrt{c_{,}}}e^{-\frac{1}{2}c'z} + \sqrt{c_{,}}e^{\frac{1}{2}c'z}\right), \\[2ex]
1 + \alpha\zeta = \frac{ab(1 - c_{,}e^{c'z})}{c'(1 + c_{,}e^{c'z})}, \\[2ex]
p = \frac{a\sqrt{bc}}{2c'}\left(\frac{1}{\sqrt{c_{,}}}e^{-\frac{1}{2}c'z} - \sqrt{c_{,}}e^{\frac{1}{2}c'z}\right);
\end{array}\right\} \quad (5)$$

ce qui fera connaître les valeurs de ρ, ζ, p, qu'il s'agissait d'obtenir, après, toutefois, qu'on aura déterminé les trois constantes arbitraires $c, c', c_{/}$. En vertu de l'équation (3), et en faisant $\frac{d\zeta}{dz} = -\lambda$, on aura aussi

$$\lambda = 4b \left(\frac{1}{\sqrt{c_{/}}} e^{-\frac{1}{2}c'z} + \sqrt{c_{/}} e^{\frac{1}{2}c'z} \right)^{-2}, \qquad (6)$$

pour la vitesse λ à la hauteur z, du décroissement de la température, à mesure que l'on s'élève dans l'atmosphère. Comme on doit avoir $p = 0$, à sa limite, on aura de plus

$$c_{/}e^{c'l} = 1,$$

pour déterminer la longueur l de la colonne d'air que nous considérons. Enfin, si l'on appelle δ la densité de l'air correspondante à $z = l$, on aura, d'après la première équation (5),

$$\delta = \sqrt{\frac{c}{b}}.$$

Pour obtenir les valeurs de c, c', $c_{/}$, je fais dans les deux dernières équations (5),

$$z = 0, \quad \zeta = \theta, \quad 1 + a\delta = \gamma, \quad p = gmh = aabmh;$$

θ et h étant, comme on l'a dit plus haut, la température et la hauteur barométrique, qui ont lieu à la surface de la Terre, et qu'on suppose données. Il vient

$$\gamma = \frac{ab}{c'} \left(\frac{1 - c}{1 + c_{/}} \right), \quad h = \frac{1}{2c'} \sqrt{\frac{c}{b}} \left(\frac{1 - c}{\sqrt{c_{/}}} \right),$$

en prenant la densité m du mercure pour unité. Je suppose aussi donnée la valeur de λ qui répond à $z = 0$; en la désignant par μ, et faisant

$$z = 0, \quad \lambda = \mu,$$

dans l'équation (6), on a

$$\mu = \frac{4bc_{/}}{(1 + c)^2}.$$

De ces expressions de γ, h, μ, on déduit sans difficulté,

$$c = \frac{a^2 b^2 h^2 \mu}{\gamma^2}, \quad c' = \frac{a}{\gamma} \sqrt{b(b - \mu)}, \quad c_{/} = \frac{\sqrt{b} - \sqrt{b - \mu}}{\sqrt{b} + \sqrt{b - \mu}},$$

pour les valeurs demandées de c, c', $c_{,}$. Ces quantités constantes par rapport à z, varieront, comme on voit, avec les données μ, γ, h, qui ont lieu à la surface de la Terre, et qui serviront à les calculer.

Si l'on prend pour le rapport $\dfrac{g}{a}$, égal à ba, la moyenne de ses valeurs relatives à l'extrême sécheresse et à l'extrême humidité de l'air (*), et si l'on prend aussi le mètre pour unité de longueur, on aura

$$ab = \frac{1}{7961,10}.$$

Dans l'expérience aérostatique de M. Gay-Lussac, la température à la surface de la terre et à la hauteur de $3691^{m},32$, ont été simultanément $27°,75$ et $8°,50$; on peut prendre pour la valeur de μ, l'excès de la première température, sur la seconde, divisé par ce nombre de mètres; ce qui donne

$$a\mu = \frac{19°,25}{(266°,67)\,(3691,32)}.$$

On avait, en même temps,

$$h = 0,765, \quad \gamma = 1 + \frac{27°,25}{266°,67}.$$

En substituant ces valeurs numériques dans les formules précédentes, on trouve pour c une très petite fraction, et ensuite

$$c' = 0,000105, \quad c_{,} = 0,04228.$$

La valeur de l qui se déduit de celles-ci serait

$$l = 30261 ;$$

l'atmosphère se terminerait donc à une hauteur d'environ 30000 mètres; et sans doute, elle s'étend beaucoup plus loin. Mais on ne doit pas perdre de vue qu'il ne s'agit, dans cette note, que d'un simple exemple de calcul, et que, vraisemblablement, les hypothèses que nous avons faites pour le faciliter, ne sont pas conformes à la nature.

D'après la valeur générale de c, celle de δ devient

$$\delta = \frac{a\sqrt{\mu b}}{\gamma} ;$$

---

(1) *Traité de Mécanique*, tome II, page 628.

et au moyen des données précédentes, on trouve

$$\delta = 0,00003442;$$

en sorte que, dans ces hypothèses, la densité de l'air à la limite de l'atmosphère où ce fluide est liquéfié par le froid, surpasserait encore le tiers d'un dix-millième de la densité du mercure, ou le tiers de la densité de l'air à la surface de la terre; ce qui suffirait pour ne pas les admettre. Elles consistent à supposer nuls le rayonnement et le pouvoir absorbant des molécules d'air; à regarder la conductibilité calorifique de ce fluide, comme indépendante de la température et proportionnelle au carré de la densité; et à étendre la formule (3), donnée par l'expérience, à toutes les densités et aux plus basses températures. En partant d'autres suppositions, on parviendrait, mais par un calcul plus compliqué, à des expressions de ρ, ζ, p, différentes des formules (5); et l'on en pourrait déduire des valeurs de δ et l, plus vraisemblables que celles que nous avons obtenues, c'est-à-dire une valeur plus petite pour δ et plus grande pour l.

M. Gay-Lussac a remarqué que la température décroît moins rapidement à mesure que l'on s'élève dans l'atmosphère; résultat qui s'accorderait avec la formule (6), dont la différentielle est négative, à cause de $c_i < 1$, depuis $z = 0$ jusqu'à la limite $z = l$, où l'on a $\dfrac{d\lambda}{dz} = 0$.

Addition à la note B.

M. Élie de Beaumont, qui m'avait indiqué la température de trois ou quatre mille degrés, comme ayant dû avoir lieu à une époque très ancienne, d'après les doctrines géologiques qu'il professe, a ensuite ajouté qu'il fallait que la température du globe à une grande profondeur, fût aussi très élevée à l'époque actuelle. Or, au moyen des variations de la chaleur de l'espace sur la route de notre système planétaire, on pourra aisément satisfaire à cette nouvelle condition, d'une infinité de manières différentes, et, par exemple, en prenant pour μ, dans l'expression de la température extérieure ζ que nous avons considérée à la page 33 de la note B, une quantité périodique qui variera avec une extrême lenteur.

Faisons, en effet,

$$\mu = n \cos \frac{\pi t}{2\gamma} + n' \sin \frac{i\pi t}{2\gamma};$$

n et n' désignant des températures constantes et très élevées; i un nombre impair; γ un intervalle de temps extrêmement long, qui comprendra, s'il est nécessaire, des millions d'années; et le temps t étant compté à partir d'une époque, telle que l'on ait aujourd'hui $t = \gamma$, ce qui rendra nulle la température μ à l'époque actuelle. D'après la formule (4) de la page 431 de mon ouvrage, la température u de la Terre à la profondeur u, et relative aussi à $t = \gamma$, aura pour expression

$$u = \frac{bn\left[\left(b+\frac{1}{2a}\sqrt{\frac{\pi}{\gamma}}\right)\sin\frac{x\sqrt{\pi}}{2a\sqrt{\gamma}}+\frac{1}{2a}\sqrt{\frac{\pi}{\gamma}}\cos\frac{x\sqrt{\pi}}{2a\sqrt{\gamma}}\right]}{b^2+\frac{b}{a}\sqrt{\frac{\pi}{\gamma}}+\frac{\pi}{2a^2\gamma}}e^{-\frac{x}{2a}\sqrt{\frac{\pi}{\gamma}}}$$

$$+\frac{bn'\left[\left(b+\frac{1}{2a}\sqrt{\frac{i\pi}{\gamma}}\right)\sin\frac{x\sqrt{i\pi}}{2a\sqrt{\gamma}}+\frac{1}{2a}\sqrt{\frac{i\pi}{\gamma}}\cos\frac{x\sqrt{i\pi}}{2a\sqrt{\gamma}}\right]}{b^2+\frac{b}{a}\sqrt{\frac{i\pi}{\gamma}}+\frac{i\pi}{2a^2\gamma}}e^{-\frac{x}{2a}\sqrt{\frac{i\pi}{\gamma}}}.$$

Si l'on prend $n' = -\dfrac{n}{\sqrt{i}}$, et que l'on néglige les termes qui ont γ pour diviseur, on aura $u = 0$ et $\dfrac{du}{dx} = 0$, pour $x = 0$; en sorte que près de la surface, l'accroissement de température dans le sens de la profondeur, sera zéro; et celui que l'on observe devra être attribué à une inégalité de la chaleur de l'espace, différente de μ, et, si l'on veut, à celle que nous avons considérée dans la note B. Mais il n'en sera plus de même, dès que la fraction $\dfrac{x}{a\sqrt{\gamma}}$ ne sera plus très petite ; la température u croîtra jusqu'à une certaine limite; si l'on suppose que i soit un nombre considérable, la première partie de la formule précédente, sera la partie principale de u; en appelant h la profondeur à laquelle cette partie atteint son *maximum*, et supposant que b ne soit pas une très petite fraction, de manière qu'on puisse négliger $\dfrac{1}{2a}\sqrt{\dfrac{\pi}{\gamma}}$ par rapport à b, on aura

$$\sin\frac{h\sqrt{\pi}}{2a\sqrt{\gamma}} = \cos\frac{h\sqrt{\pi}}{2a\sqrt{\gamma}} = \frac{1}{\sqrt{2}};$$

d'où l'on tire

$$\frac{h\sqrt{\pi}}{2a\sqrt{\gamma}} = \frac{1}{4}\pi, \quad h = \frac{1}{2}a\sqrt{\pi\gamma};$$

et si l'on représente par H la valeur correspondante de u, et que l'on prenne, pour fixer les idées, $i = 25$, il en résultera, à très peu près,

$$H = \frac{n}{\sqrt{2}}\left(1 - \frac{1}{5}e^{-\pi}\right) e^{-\frac{1}{4}\pi}.$$

Cela posé, le mètre et l'année étant les unités de longueur et de temps, si nous prenons

$$u = 5, \quad \gamma = 100.1000000,$$

nous aurons

$$h = 44311, \quad H = n(0,3196);$$

de sorte qu'en prenant aussi $n = 6000°$, la température de la Terre s'élèverait à environ 1900 degrés, à la profondeur d'à peu près 44000 mètres. A une profondeur décuple de celle-là, ou à peu près égale au 15° du rayon de la Terre, la valeur de u se réduirait à environ 2°. Pour $x = \frac{h}{45}$, ou à peu près 1000 mètres, on aurait

$$\frac{x\sqrt{\pi}}{2a\sqrt{\gamma}} = \frac{\pi}{180};$$

ce qui donne

$$u = 7°,08.$$

Par conséquent, l'accroissement de température relatif à cette valeur de x, que l'on trouve, dans la note B, égal à 32°, devrait être augmenté de 7°, et deviendrait à peu près le même que si l'accroissement uniforme de 0°,0377 par mètre, que l'on observe à de moindres distances de la surface, subsistait jusqu'à cette profondeur de 1000 mètres.

Il est sans doute inutile de répéter que cet exemple, aussi bien que celui de la note B, ont été choisis pour la commodité du calcul, et qu'on ne suppose aucunement que les lois de variation de la température de l'espace, auxquelles ils répondent, aient réellement lieu dans la nature. En général, en choisissant ces lois arbitrairement, c'est un problème indéterminé de satisfaire à des conditions données, telles qu'une température très élevée de la couche extérieure du globe, à une époque très ancienne;

une température de l'espace, au lieu où la Terre se trouve actuellement, à peu près égale à zéro ; un accroissement très lent et donné de la température de la Terre près de sa surface; enfin, à une profondeur considérable, une température fort élevée, mais qui diminue ensuite pour devenir constante et d'une grandeur ordinaire, à une distance de la surface moindre, par exemple, que le 10e du rayon.

Remarques sur la température désignée par h *à la page* 4 *du mémoire.*

A l'équateur, la valeur de h se déduira difficilement, avec quelque précision, de l'équation (23) qui se trouve à la page 497 de mon ouvrage, parce qu'en ce lieu, le premier membre de cette équation et le coefficient de h dans son second nombre, sont de très petites fractions. Je ne vois guère que la quantité de chaleur solaire qui tombe annuellement sur chaque mètre carré, évaluée par des expériences directes, dont on puisse se servir pour déterminer la température h, à l'équateur et à de petites latitudes. Cette quantité de chaleur étant plus grande sous l'équateur qu'à notre latitude, il en sera de même à l'égard de h, et, à plus forte raison, à l'égard du produit Qh qui exprime le nombre de degrés dont la chaleur solaire augmente la température moyenne du sol, en supposant, toutefois, que la nature du sol et l'état de sa superficie, c'est-à-dire, les quantités a, b, c, qui s'y rapportent, ne diffèrent pas dans les deux localités dont il s'agit.

L'égalité des deux valeurs de h, calculées à la page 503 de mon ouvrage, était une conséquence de la manière dont j'ai déterminé la valeur de a, et ne devait pas être remarquée, comme je l'ai fait par mégarde. C'est le peu de différence entre les valeurs de H, calculées à la page suivante, et les valeurs observées de cette dernière quantité, qui fournit une vérification des valeurs de a, b, h, et particulièrement de celle de b, sur laquelle il pouvait rester quelque doute, à cause de l'incertitude dans les époques des *maxima* et *minima* de température, qu'on a employées pour la déterminer.

FIN.